TECHNIQUES DE LA CAMERA VIDEO

par

GERALD MILLERSON

Traduit de l'anglais par
FRANÇOIS LUXEREAU

2e ÉDITION

33, CHAMPS-ELYSEES - 75008 PARIS

Sommaire

Introduction

Au fur et à mesure que la technique a permis de transformer les énormes caméras de télévision en ces unités portables que nous connaissons aujourd'hui, l'univers exaltant du circuit fermé vidéo (non destiné à la diffusion par les chaînes TV) s'est considérablement développé. La caméra vidéo est devenue un outil normal de communication aussi bien dans l'enseignement que dans l'industrie ou dans les affaires ; dans bien d'autres domaines, elle a remplacé la caméra film. Couplée à un enregistreur grand public, elle vous offre une mémoire instantanée des instants les plus importants qui ont fait votre vie.

Bien qu'aujourd'hui la caméra vidéo soit devenue simple à utiliser, automatique, robuste et fiable, ne vous laissez pas aller à penser que le reste du travail, « viser et faire le point », soit une simple formalité. Une analyse intelligente des opérations que vous devrez effectuer est toujours aussi importante si vous voulez obtenir de bons résultats, quand bien même vous disposeriez du budget et du matériel le plus élaboré de la télévision.

Ce livre se propose d'étudier, pas à pas, les moyens et les possibilités d'un bon travail à la caméra. Ce sont les pierres angulaires d'une communication visuelle efficace, que vous soyez opérateur ou producteur, que vous utilisiez votre propre matériel ou celui d'un grand studio de production.

Au cours d'une première édition, l'accent a été mis sur les méthodes de production en studio, car les caméras étaient encore peu mobiles. Cette nouvelle édition a été entièrement refondue afin de refléter les changements intervenus tant dans la conception des caméras que dans les méthodes de production ; elle fait place aux problèmes particuliers de la caméra tenue à la main.

Cet ouvrage a été réalisé avec le concours de professionnels avertis. Puisse leur expérience vous apporter l'aide que vous en attendez.

Souvenez-vous que les spécialistes ont dû apprendre ces principes il n'y a pas si longtemps.

Rencontre avec votre caméra

On est un peu effrayé à l'idée de rencontrer pour la première fois la plupart des équipements techniques. Nous ne nous sentons pas à notre avantage devant leur aspect inhabituel et impersonnel, et nous nous trouvons même un peu sots en ne sachant pas exactement comment les empoigner. Même si nous avons l'habitude d'appareils similaires les différences d'apparence ou de disposition peuvent nous inquiéter. Cet état initial naturel passe rapidement.

La caméra vidéo ne fait pas exception. Sachez que votre caméra est un outil extrêmement simple à utiliser quand on en a l'habitude. Comme pour tout bon outil, vous serez payé en retour des efforts faits pour apprendre à l'utiliser avec efficacité.

La caméra vidéo est facile à utiliser

A notre époque il n'est pas nécessaire d'avoir une « tête technique » pour utiliser correctement une caméra vidéo. Bien que sa technologie soit très sophistiquée, sa prise en main est évidente. Pensez à votre caméra comme à un outil de communication. Comme le téléphone ou la machine à écrire, c'est un moyen de transmettre aux autres vos pensées ou vos interprétations. Ceci ne se fera pas automatiquement en pointant simplement la caméra vers un sujet. Vous devez l'utiliser avec discernement et avec soin.

La caméra elle-même n'est qu'un dispositif électronique destiné à produire en continu, tant qu'elle est alimentée, des images de la scène placée devant l'objectif. Ceci ne nécessite ni film ni traitement. Son image est visible au moment même où elle est produite, elle peut aussi être enregistrée sur bande magnétique pour une diffusion ultérieure.

Réussir de bonnes images

Une bonne utilisation de la caméra requiert un mélange de compétences : une bonne habitude des réglages de la caméra afin de les utiliser avec assurance et précision ; un œil prêt à saisir les occasions d'écriture picturale, choisissant le bon point de vue, composant une image efficace. Quelques qualités moins évidentes peuvent être aussi bien utiles, comme l'adresse, la robustesse, la patience ainsi qu'une bonne mémoire !

Les techniques de production prennent aujourd'hui des formes diverses : le réalisateur individuel tenant lui-même la caméra ; le réalisateur avec opérateur et preneur de son ; l'équipe de production utilisant les techniques de prises de vue multi-caméra. Chacune de ces démarches a ses applications et ses limites mettant l'accent sur tel ou tel avantage de la caméra.

NOTE : Nous avons, pour simplifier, utilisé des termes masculins (l'opérateur) dans cet ouvrage en tant que termes généraux.

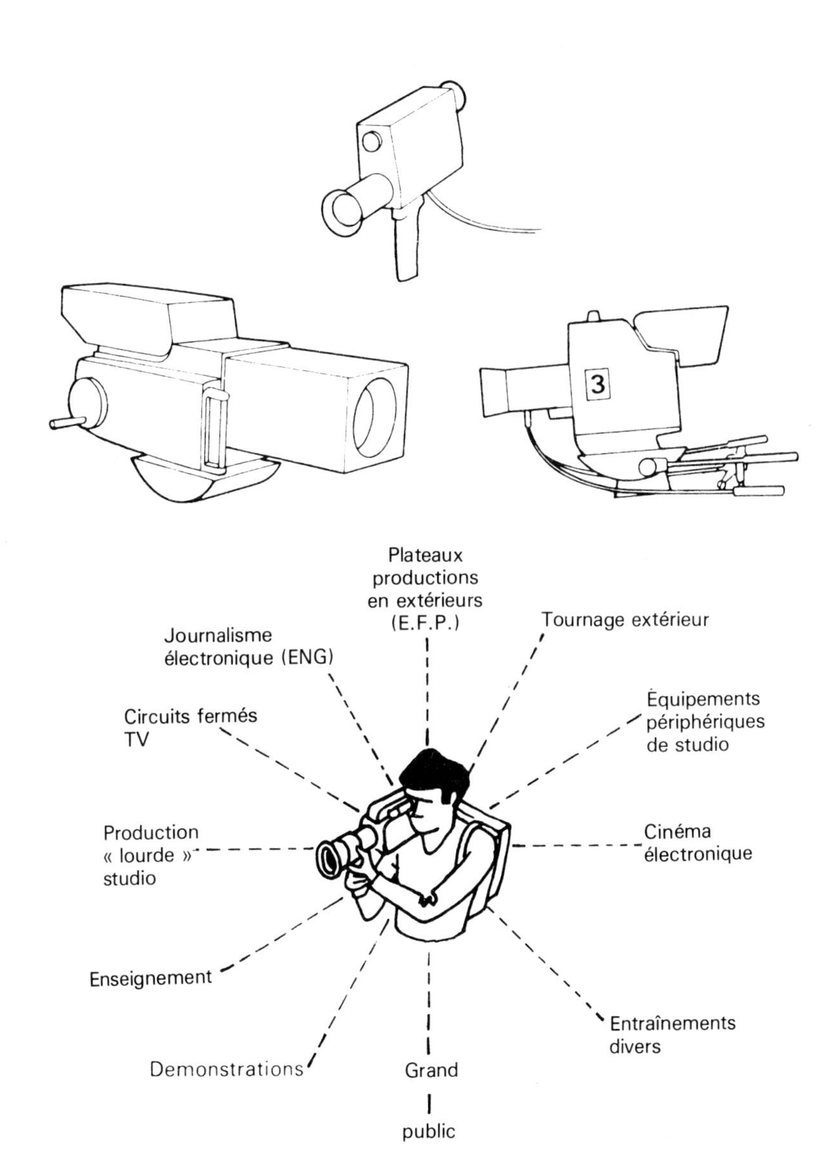

La caméra vidéo
Les types de caméras sont nombreux, ils diffèrent par leur gamme de prix, leur genre d'utilisation, ainsi que par la robustesse et les performances souhaitées.

Une large gamme de types de tournages
La diversité et l'adaptabilité des caméras vidéo les rend aptes à toutes les formes de tournage.

Les différentes parties de votre caméra

La gamme des caméras s'étend depuis les caméras compactes contenant l'ensemble des dispositifs vidéo, jusqu'aux grosses caméras de studio reliées par câbles à d'importantes baies de commande.

Le tube de la caméra
L'image de la scène est formée par l'objectif sur la « cible » photo-sensible du (ou des) tube(s) de la caméra. Il s'y forme une distribution de charges électriques dont l'intensité correspond, point à point, à la luminosité du sujet. Le pinceau électronique du tube balaye régulièrement ligne par ligne la cible déchargeant la distribution électrique et produisant ainsi une variation du signal vidéo.

L'objectif
L'opérateur s'intéresse particulièrement aux réglages de son *objectif* et à ses performances : réglages de la netteté de l'image (*mise au point*) et sa dimension (*distance focale, largeur de champ*) ; distance minimale de mise au point ; ouverture maximum ; ainsi que les limites dues à sa conception. Bien entendu, si la caméra doit être tenue à la main où à l'épaule, son poids et son équilibre le concernent aussi, il en va de même pour les réglages, sont-ils accessibles et pratiques.

Le viseur
Pour les petites caméras, il arrive que la visée se fasse à travers l'objectif délivrant une image *optique* directe comme dans les appareils de photo — souvent associé avec un télémètre pour aider la mise au point. Ce système montre ce que voit l'objectif, non pas l'image vidéo résultante. La plupart des caméras ont dans leur viseur un petit tube noir et blanc (40 mm) vu à travers un œilleton agrandisseur. Il peut être commuté pour visionner une bande enregistrée. Dans les plus petites caméras, ce viseur est fixe, autrement il peut être fixé ; selon l'opportunité sur le dessus ou bien sur l'un ou l'autre flanc de la caméra. Les plus grosses caméras ont pour viseur un écran nu (12,5 à 18 cm).

Le câble de caméra
Le câble reliant la caméra à ses équipements de contrôle (CCU) délivre à la caméra les tensions d'alimentation et les signaux de pilotage, il en ramène le signal vidéo pour amplification et distribution. Il peut être multi-conducteurs/multi-paires (100 à 300 m maximum), coaxial (700 à 1 400 m maximum), triaxial (700 à 1 200 m maximum) ou bien en fibre de verre (fibre optique). Ce dernier type est plus léger, insensible aux interférences et robuste, il autorise de grandes distances (plus de 4 000 m) entre la caméra et les équipements de contrôle.

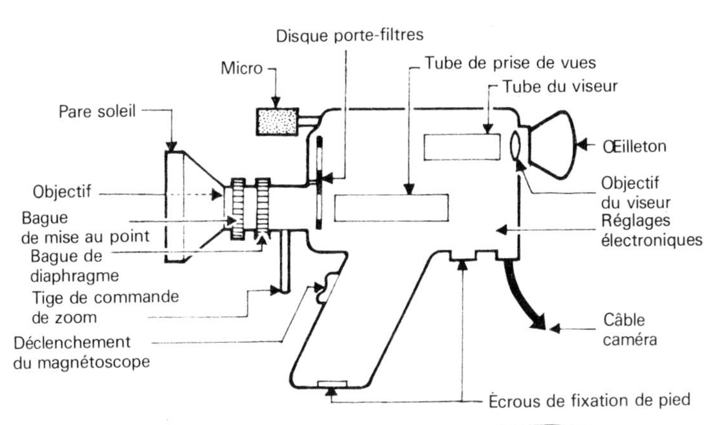

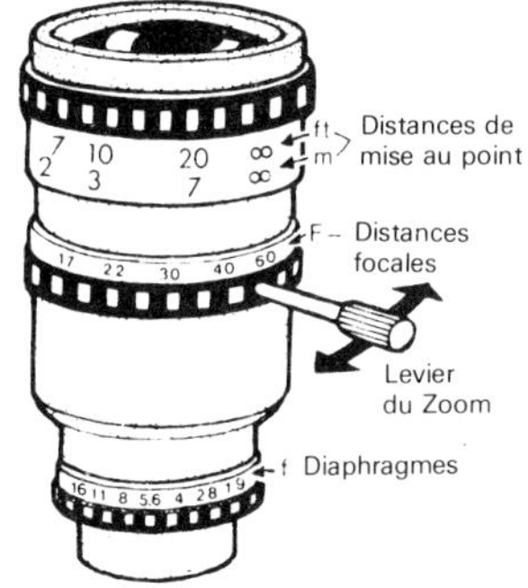

Réglages de base

Focalisation du faisceau : régler le faisceau électronique du tube de prise de vues pour obtenir l'image la mieux définie.
Courant de faisceau : réglage de l'intensité du faisceau électronique. Les teintes les plus claires ne doivent pas devenir uniformément blanches. Un courant de faisceau trop élevé apporte un excès de bruit dans l'image. Par contre s'il est trop faible, on n'obtient pas d'image du tout.
Tension de cible : l'ajuster pour obtenir le meilleur contraste. Si elle est trop faible la caméra est peu sensible, mais la rémanence est atténuée. Dans les caméras à tube Vidicon, la tension de cible permet de régler (automatiquement ou manuellement) l'exposition.
Iris automatique : ce dispositif permet une exposition correcte sans intervention de l'opérateur. Le diaphragme s'adapte aux conditions moyennes de l'éclairage.
Balance automatique des noirs et des blancs (ou balance de couleurs) : elle équilibre la quantité de rouge, de vert et de bleu dans l'image suivant la température de couleur de la lumière. On effectue le réglage en visant une surface blanche (de nombreuses caméras ont des réglages de couleur manuels).
Niveau de noir automatique : il ajuste automatiquement le niveau du noir du signal vidéo à un niveau prédéterminé.
Commande de Zoom : bouton à bascule permettant de contrôler les mouvements de Zoom.
Indicateur de niveau vidéo : il indique dans le viseur si l'exposition est correcte.
Correction de gamma : améliore le contraste des parties sombres.
Augmentation du gain : permet de pousser le gain des amplificateurs pour obtenir une image sous faible éclairement.
Compensation de longueur de câble : permet de compenser les pertes de niveau et les affaiblissements des hautes fréquences dues à de grandes longueurs de câble.

La caméra tenue à la main

La caméra tenue à la main est devenue très populaire aussi bien dans le domaine grand public que dans ceux de l'éducation et de la formation. Économique, facile à utiliser et sûre, elle donne des images très satisfaisantes pour des utilisations générales en circuits fermés peu exigeants.

Équipements de la caméra

Grâce à une intégration ingénieuse, les circuits simplifiés et miniaturisés de la caméra sont rassemblés dans un boîtier compact évitant les encombrants équipements auxiliaires des grosses caméras. La caméra est habituellement reliée directement à un poste de télévision (ou à un moniteur) proche ou à un enregistreur magnétique (VTR pour vidéo tape recorder NdT) tel que U-Matic Betamax ou VHS.

La caméra peut délivrer soit un *signal vidéo composite* (1) standard (signal vidéo plus impulsions de synchronisation) soit un signal *radiofréquence modulé* (R.F.) sortant d'un modulateur interne pour attaquer l'entrée « antenne » d'un récepteur TV.

La plupart des caméras de poing ont un seul tube (17 mm/ 2/3 de pouce ou 25 mm/1 pouce) équipé d'un filtre composé de bandes colorées lui permettant d'analyser en fondamentales Rouge, Vert, Bleu la scène enregistrée. L'alimentation est fournie par des batteries (internes ou externes) ou par un bloc d'alimentation régulé.

Ces caméras sont normalement équipées d'un déclencheur placé sur la poignée permettant le démarrage et l'arrêt ou la pause du magnétoscope pendant l'enregistrement, ce dispositif permet d'assembler sans « saute » à la lecture des prises successives (montage direct à la prise de vues).

Un microphone est en général intégré à la caméra, qu'il soit fixé sur le dessus ou sur une perche télescopique. Bien que ce soit une manière pratique de prendre le son, la qualité de cette prise est bien médiocre si on la compare à celle d'un micro indépendant convenablement placé. Ces micros intégrés ont une forte propension à enregistrer les bruits parasites.

La synchronisation

Tous les systèmes de télévision ont besoin d'impulsions spéciales de *synchronisation* (1) afin que tout au long de la chaîne qui va du tube de la caméra à celui du récepteur le balayage de l'image se fasse en cadence. Sans cela, l'image serait déchirée, glisserait ou serait tout simplement indéchiffrable. Les caméras tenues à la main peuvent recevoir ces impulsions de synchro d'un générateur interne ou du magnétoscope.

Certaines petites caméras de ce type ne peuvent être intégrées dans un ensemble multi-caméras car leur générateur de synchro interne ne peut se mettre « au pas ». D'autres peuvent utiliser un générateur de synchro commun à l'ensemble ou peuvent être verrouillées avec précision par un système dit « *genlock* » qui coordonne leurs circuits individuels.

(1) Se reporter à l'ouvrage : « Vidéo, principes et techniques », Ed. Dujarric.

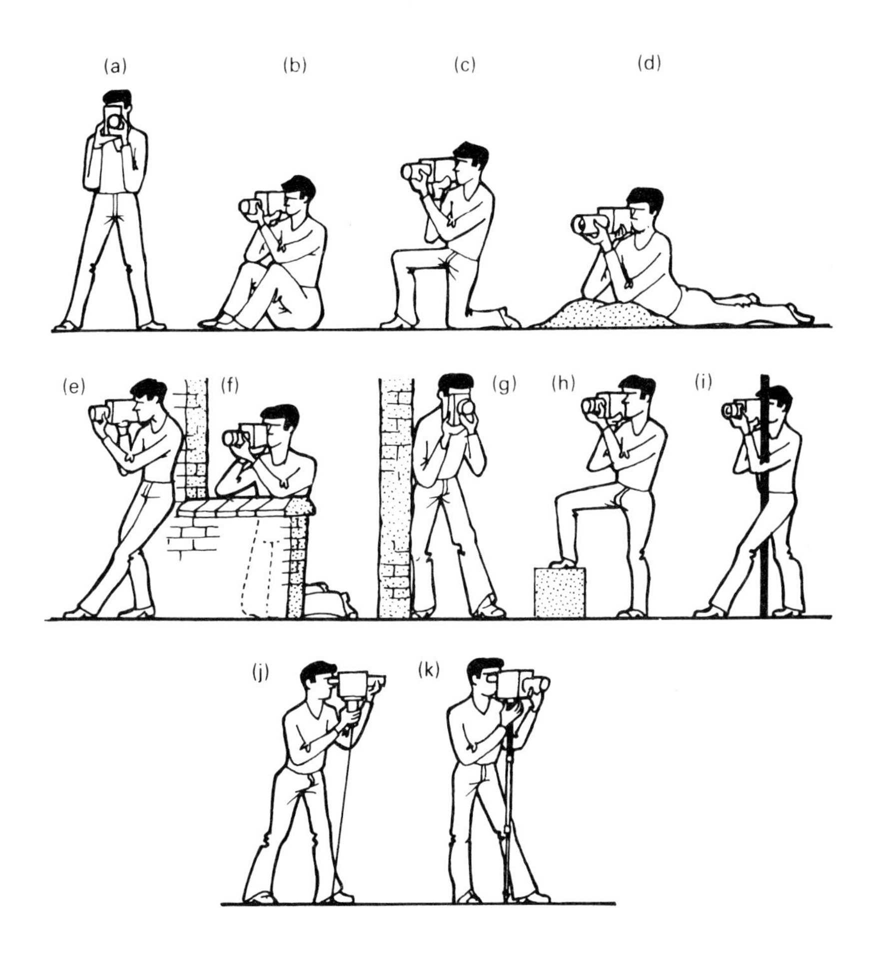

La caméra tenue à la main

Toute secousse donnée à la caméra provoque des soubresauts de l'image. Il est essentiel de tenir la caméra aussi stable que possible. Maintenez la caméra fermement (mais sans la cramponner), l'œil appuyé contre le viseur et les deux bras bien en place. Diverses techniques peuvent vous aider à stabiliser la caméra.

1. Positions stables du corps : (a) jambes tendues et écartées ; (b) assis, les coudes appuyés sur les genoux ; (c) à genoux ; (d) en utilisant pour support une irrégularité du terrain.
2. Utilisation de supports naturels proches : (e) s'appuyer le dos à un mur ; (f) s'accouder sur un mur bas, une clôture, une voiture... etc ; (g) s'appuyer de côté le long d'un mur ; (h) poser le pied sur une caisse ou une marche ; (i) s'aider d'un poteau.
3. Utilisation d'une corde ou d'une chaîne : (j) attacher la chaîne à l'écrou de pied et la tendre en tirant la caméra vers le haut.
4. Utilisation d'un monopied : (k) monopied télescopique ou tige quelconque.

Les caméras légères

Les caméras légères portées à l'épaule font de 3,5 à 13,5 kg, aussi un harnais, une crosse prenant appui sur la poitrine ou sur un baudrier sont souvent utilisés pour accroître la stabilité. Ceci donne à l'opérateur une grande liberté de mouvements même dans la foule ou sur un sol inégal.

Applications
Les caméras légères sont très utilisées pour la production en extérieurs de documentaires, dramatiques, interviews, etc... Pour la couverture d'événements sportifs leur mobilité leur permet de suivre une action sur un espace étendu, par exemple sur la touche d'un terrain de football ou sur un court de golf. On peut les utiliser en voiture, en bateau, en hélicoptère. Elles sont pratiques lors d'improvisations ou de tournages impromptus tels que l'enregistrement d'actualités.

Mis à part les ensembles spéciaux qui combinent caméra et magnétoscope compact (camescopes) (1), la caméra légère est normalement reliée par câble à sa voie de contrôle et à un magnétoscope séparé. Cet appareillage peut être transporté sur un petit chariot ou dans un sac à dos ou une sacoche à l'épaule, l'opérateur étant alors assisté par un preneur de son en même temps responsable du magnétoscope et de l'éclairage. Parfois la caméra est reliée à un petit émetteur portable rayonnant vers un relais ou un véhicule logistique situé à proximité.

Les caméras convertibles
Grâce à la miniaturisation, les tubes, le prisme séparateur (1) (il sépare le faisceau lumineux issu de l'objectif en trois faisceaux correspondant à chacun des tubes), les circuits de balayage et d'amplification peuvent être contenus dans un boîtier compact adaptable à diverses configurations de caméras.

Pour les tournages sur le terrain, avec une épaulière, elle peut être équipée d'un petit objectif de base ou d'un zoom et d'un viseur à œilleton. En studio, on équipera le même ensemble électronique d'un ensemble optique de haute qualité et d'un grand viseur.

La caméra de cinématographie électronique
La conception de ces modèles permet à l'opérateur « film » de disposer d'une caméra ayant des réglages et une prise en main analogue à ceux d'une caméra film 35 mm. Les dispositifs électroniques donnent des performances proches de celles du film (Gamma ajustable, coude de compression des hautes lumières). Elle possède les accessoires classiques des caméras film (objectifs fixes, porte filtres, viseur à focale variable indépendant) aussi bien que les avantages des caméras vidéo (vu-mètre vidéo, compteur de temps écoulé, balance automatique... etc...).

(1) Cf. « Vidéo, principes et techniques ».

Dispositions classiques
Les caméras légères pouvant être soit fixées à une monture, soit simplement portées, elles offrent une grande mobilité.
1. Caméra portée à l'épaule alimentée par une batterie ceinture.
2. Caméra reliée à un magnétoscope ou à un émetteur porté à dos.
3. Caméra sur crosse-support, reliée à un ensemble sur chariot comprenant l'enregistreur, l'équipement son et un moniteur.
4. Le magnétoscope est porté à l'épaule dans une housse.

La caméra de studio

Il peut être déroutant de s'apercevoir qu'en pratique, les grosses et robustes machines appelées caméras de studio sont aussi largement utilisées en extérieurs pour des productions à grande échelle telles que manifestations publiques, événements sportifs, alors que les caméras convertibles légères sont utilisées aussi bien en studio que sur le terrain.

Traits caractéristiques

Les caméras de studio représentent en général les chefs-d'œuvre des standards vidéo avec leurs systèmes optiques et électroniques avancés. La qualité de l'image est excellente, la résolution supérieure à celle qui peut être reproduite par un système normal de télévision (NTSC, PAL, SECAM).

L'objectif (p. 44) est un *zoom* imposant calculé pour avoir des performances maximales ; il peut comporter des *lentilles additionnelles* permettant une gamme plus étendue de champs (× par 1,5, 2 ou 3). Des *filtres* (p. 106) sont en général disponibles sur un disque rotatif placé dans la tête caméra — on utilise également des filtres placés devant l'objectif. Un assemblage de *prismes* de précision (ou de *miroirs dichroïques*) sépare l'image issue de l'objectif en ses trois composantes de couleurs. Les tubes des caméras sont classiquement des *plumbicons* ou des *saticons.*

La tête caméra, avec son objectif et son viseur de grandes dimensions (jusqu'à 18 cm pour le viseur), peut aussi être équipée d'un « *télé prompteur* » (p. 106), il est donc nécessaire qu'elle possède une monture solide. Sous la tête caméra une *platine* triangulaire peut coulisser pour être fixée sur une *tête panoramique* au sommet d'un pied robuste. Fixés à la tête panoramique, un ou deux *bras* équipés de poignées permettent les mouvements de rotation horizontale ou verticale. Le cadreur peut les régler à sa convenance.

Les réglages

Pour les caméras *légères,* les principaux réglages — mise au point, diaphragme, distance focale — s'effectuent sur l'objectif lui-même par rotation ou glissement d'une bague ou d'un bouton. Sur les grosses *caméras de studio,* ces réglages s'effectuent à distance par des commandes fixées aux bras et/ou des dispositifs intégrés à la caméra. On peut en rencontrer plusieurs types.

Aligner la caméra consiste à régler les circuits pour obtenir les meilleurs résultats pour la balance colorimétrique, l'enregistrement, la précision géométrique, la mise au point, etc... Ces résultats peuvent être obtenus manuellement en visant des chartes de contrôle ou automatiquement en pressant simplement un bouton mettant en œuvre des processus contrôlés par un calculateur.

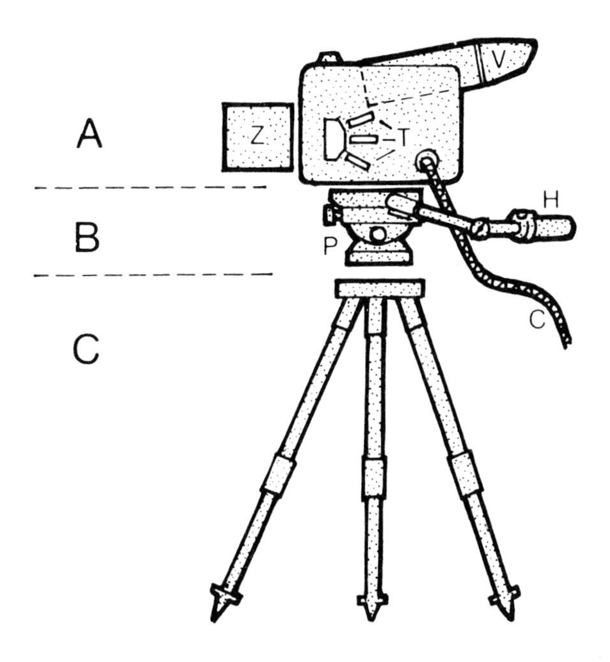

Parties fondamentales d'un ensemble caméra
A. *La tête de caméra* comprenant (Z) le zoom, (T) les tubes de prises de vues, (V) le viseur, (C) le câble.
B. *La tête panoramique* qui permet à la caméra de tourner souplement. Ces mouvements sont contrôlés par des réglages à *frictions ;* la tête peut être *bloquée.* La position de la caméra est ajustable de façon à ce qu'elle demeure équilibrée lors des mouvements verticaux. *Les poignées* fixées à la tête permettent à l'opérateur de diriger ces mouvements. Des commandes de mise au point et de zoom sont souvent ramenées sur ces poignées.
C. *Le support de caméra* peut être un *monopied,* un *trépied* avec ou sans roulettes, un *pied de studio* à colonne ou même une *grue.*

La souplesse d'utilisation de votre caméra dépend de sa fixation.

Les fixations de caméras

Il existe divers types de fixations de caméras ainsi que de chariots. Les plus simples ne permettent que des mouvements limités tandis que les plus élaborés permettent de tourner autour d'un sujet, de monter ou de descendre jusqu'à une position précise tout en maintenant solidement la caméra, qui pourra alors réaliser un panoramique vertical ou horizontal.

Le trépied
Bien qu'il demeure stationnaire, ce pied portable avec ses trois jambes de longueur ajustables a de nombreuses applications (p. 140). Certains pieds photo peuvent être utilisés avec les caméras vidéo les plus légères, mais la plupart sont trop fragiles. Une caméra montée sur trépied est à priori peu stable, aussi les jambes du pied doivent-elles être suffisamment écartées et bien bloquées au sol. Prévoir un support qui évite aux jambes de glisser peut être de grand secours.

Le trépied à roulettes
Bien arrimé à un socle métallique à roulettes, le trépied peut se déplacer sur un sol doux et plan (un sol inégal provoque des trépidations de l'image, un sol en pente peut voir la caméra glisser). La hauteur de la caméra est déterminée au début.

Le pied à colonne
Le pied à colonne est la bête de somme des grands studios de production. Sa colonne ajustable en hauteur possède une lourde base à trois roues, en général dirigées par un *volant* central aussi utilisé pour élever ou baisser la caméra. Selon les types, la colonne se déplace pneumatiquement, hydrauliquement, ou bien grâce à un contre-poids ou une manivelle. Ces pieds doivent être réglés si le poids de la caméra change — par exemple si on ajoute ou si on retire un télé promptor. De petites masses de plomb sont placées sur un plateau en haut de la colonne pour parfaire le réglage. Faute de cet ajustage, la colonne est difficile à baisser ou à lever. Des pieds à colonne légers apportent une grande souplesse à la prise de vue, de rapides variations de hauteur et une grande précision de déplacement, même dans des espaces réduits.

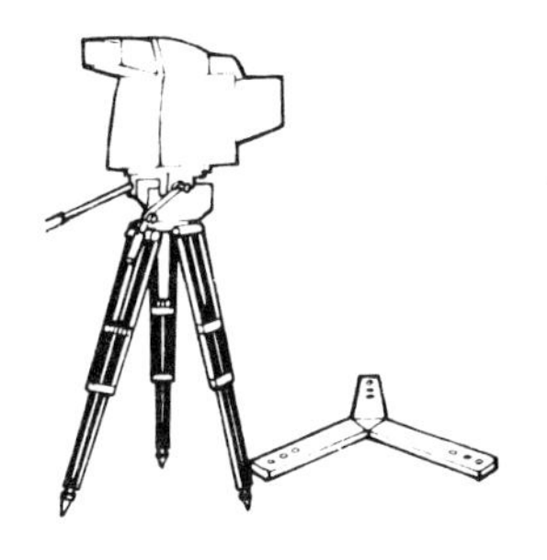

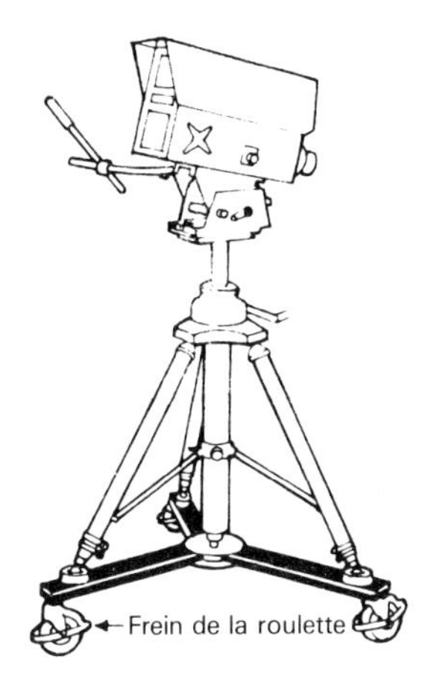

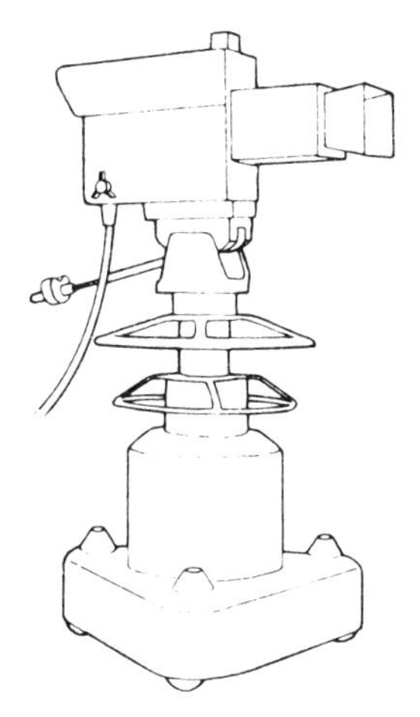

Le trépied
C'est un simple support à trois jambes qui peuvent être étendues indépendamment pour compenser les inégalités du terrain. La position de la caméra est fixe, mais le trépied est compact, portable et rapidement mis en œuvre. Sa stabilité est augmentée par l'utilisation d'un triangle.

Le trépied à roulettes
C'est un robuste trépied tubulaire fixé sur une base métallique à roulettes. Il est facilement déplaçable sur un sol plat, mais la hauteur de la caméra est pré-fixée.

Le pied de studio à colonne
La colonne centrale permet des déplacements en hauteur de la caméra pendant une prise. La caméra peut aussi être bloquée à une hauteur donnée. Le volant qui permet de diriger les roues est aussi utilisé pour monter ou baisser la caméra.

La qualité de la tête influe sur la fluidité des mouvements.

Les mouvements de caméra

Bien que le public puisse accepter des images instables lorsque les conditions de tournage sont de toute évidence difficiles (par exemple d'un véhicule en mouvement), des images tressautantes sont normalement très pénibles à regarder.

La tête panoramique

Pour que la caméra soit solidement maintenue et qu'elle puisse en même temps rester libre de tourner dans tous les sens, elle est fixée à une tête panoramique.

Les mouvements fondamentaux sont le *panoramique vertical* et le *panoramique horizontal.* Des dispositifs à frictions réglables permettent de rendre ces mouvements plus ou moins libres. Vous découvrirez qu'il est nécessaire d'avoir un peu de résistance due à ces frictions pour réussir des mouvements souples et précis.

Lorsque la tête possède des blocages, utilisez-les pour éviter un mouvement involontaire vertical ou horizontal, plutôt que de serrer « à mort » les frictions, ce qui les détériorerait.

Ces blocages sont indispensables chaque fois que vous voulez conserver un plan absolument fixe, par exemple pour un graphique, pour un très gros plan pris avec une longue focale, pour un effet réalisé à plusieurs caméras, ou pour assurer la sécurité de la caméra en évitant qu'elle ne bascule si on la laisse un moment ou si on la déplace.

Plusieurs types de têtes sont utilisées pour les caméras vidéo. La *tête fluide* est utilisée pour les caméras les plus légères ; son mouvement étant lubrifié par un film siliconé, elle rend le contrôle de la caméra doux et raffiné. Dans la *tête à friction* souvent utilisée pour des caméras plus lourdes, c'est le réglage du frottement qui permet de contrôler l'action. Ce type rend plus difficile un départ de mouvement très doux et peut entraîner un risque de basculement pour les fortes inclinaisons. Les caméras les plus lourdes peuvent aussi être fixées à des *têtes à berceau* qui conservent un bon équilibre à toutes inclinaisons.

Faire bouger la caméra

Chaque type de chariot ou de pied déplaçable possède ses propres caractéristiques opérationnelles. Il faut apprendre et pratiquer la technique pour déplacer une caméra sans trépidations et sans gêner ni les autres ni vous-même. Nous y reviendrons plus précisément (p. 92).

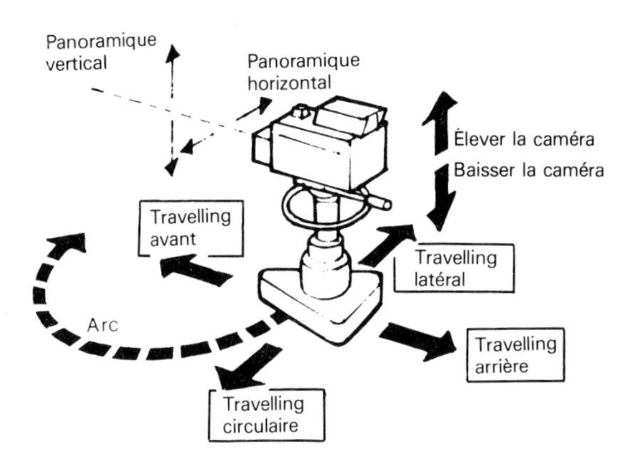

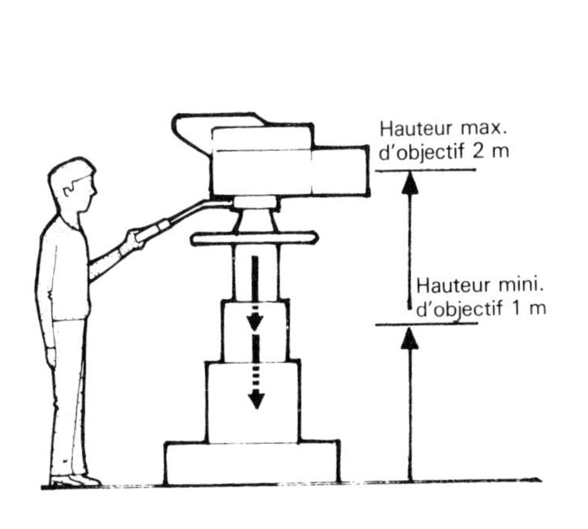

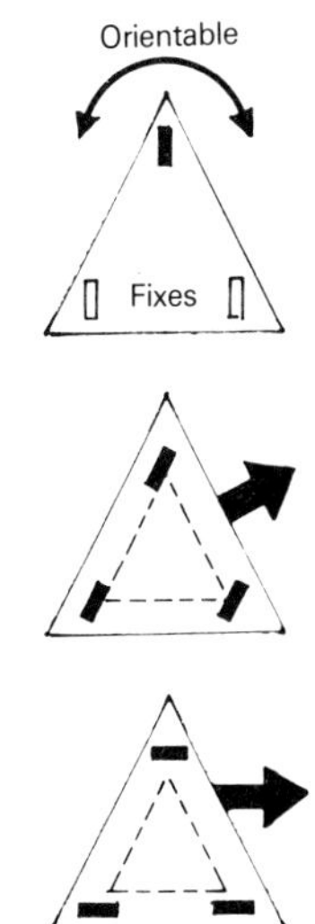

Mouvements de la tête caméra
Panoramiques horizontaux et verticaux. Le support peut se déplacer d'avant en arrière (ou inversement) ou latéralement. La caméra peut être élevée ou baissée.

Hauteur de l'objectif
Avec un pied de studio, la hauteur de l'objectif peut varier classiquement entre un et deux mètres.

Guidage du pied
Dans certains cas les trois roues caoutchoutées du pied sont reliées entre elles de façon à pouvoir être orientées simultanément dans la même direction (cas de déplacements latéraux). Dans le cas de mouvements plus variés, une seule roue est orientable, les deux autres sont fixes.

Le choix du diaphragme influe beaucoup sur la qualité de l'image.

Le diaphragme

A l'intérieur de votre objectif vous pourrez voir une ouverture circulaire réalisée à l'aide de fines lames métalliques. En tournant une bague située sur le barillet de l'objectif, on peut en modifier les dimensions.

Régler l'ouverture
Ce réglage de l'ouverture de l'objectif est en général repéré soit par des graduations de nature *géométrique* (f : résultant de calculs prenant en compte le diamètre réel de l'ouverture) soit en graduations *photométriques* (T : basées sur la quantité de lumière passant à travers l'objectif). Pour l'utilisation pratique, vous pouvez considérer ces deux termes comme identiques.

Quelle que soit la méthode utilisée, pour votre objectif, vous trouverez une série de chiffres gravés sur une bague, une petite flèche permettant d'afficher la valeur choisie.

Les effets de ce réglage
Ce réglage de l'ouverture a deux effets simultanés :

1. Il détermine quelle quantité de lumière provenant du sujet atteint le tube (c'est l'*exposition* p. 26).
2. Il influe sur la profondeur de la scène qui apparaîtra nette dans l'image (c'est la *profondeur de champ* souvent appelée à tort *profondeur de foyer* p. 28).

Si vous ouvrez l'objectif sur un diaphragme portant un nombre *plus petit* (par exemple f/2), une plus grande quantité de lumière traversera l'objectif, l'exposition est augmentée et la profondeur de champ réduite.

Si vous réduisez l'ouverture en affichant une valeur *plus élevée* (f/22) moins de lumière sera transmise, l'exposition est réduite et la profondeur de champ augmentée.

Il vous faudra choisir le diaphragme en fonction des conditions de lumière. Sous un soleil brillant, par exemple, vous devrez fermer l'objectif (par exemple f/16) tandis que dans l'obscurité, vous serez amené à ouvrir (par ex. f/2).

Parfois vous choisirez que votre image soit nette sur une distance donnée. Vous choisirez une valeur de diaphragme et vous règlerez vos lumières pour obtenir l'exposition correcte. Désirez-vous une *faible profondeur de champ* (pour isoler un sujet) vous aurez besoin d'intensités lumineuses plus faibles. Si vous cherchez une *grande profondeur de champ* pour que la scène soit nette dans son ensemble, il vous faudra une grande quantité de lumière ; ceci entraînera une importante consommation d'énergie et des problèmes de température.

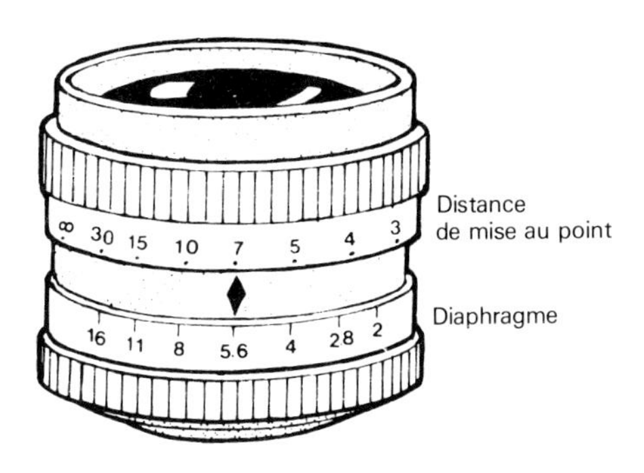

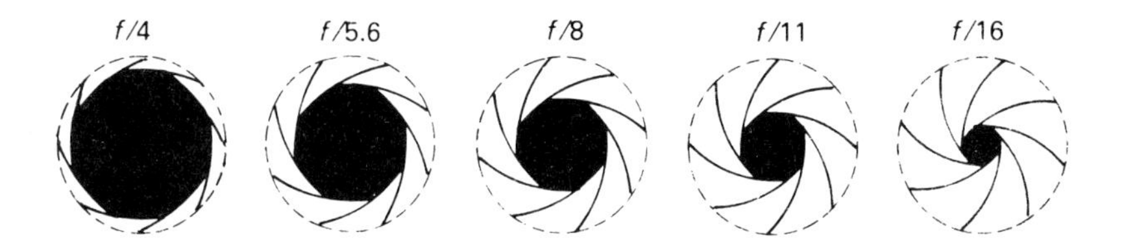

Réglages
On règle l'ouverture en tournant une bague située sur l'objectif. Le nombre situé devant le repère indique l'ouverture choisie. Si on diaphragme, l'ouverture diminue (la transmission de lumière est réduite et la profondeur de champ augmente).

Graduations géométriques et photométriques
Les ouvertures sont souvent repérées par une série de nombres correspondants à des mesures géométriques : *f*/1.4, 2, 2.8, 4, 5.6, 8, 11, 16, 22. Les graduations photométriques indiquent la quantité de lumière qui traverse l'objectif pour les différentes ouvertures. On peut déterminer leur équivalence avec les graduations géométriques *f*.

La transmission lumineuse
Lorsqu'on passe d'une ouverture à une autre, la quantité de lumière passant à travers l'objectif est modifiée dans le rapport suivant :

$$\frac{(\text{diaphragme initial } f_{(1)})^2}{(\text{diaphragme final } f_{(2)})^2}$$

Ainsi en passant de *f*/4 à *f*/8, la quantité de lumière reçue par le tube est réduite dans le rapport $(4)^2/(8)^2$ soit 1/4.

Changement de la quantité de lumière admise
Ouvrir d'un diaphragme fait admettre deux fois plus de lumière (ainsi, passer de *f*/8 à *f*/5,6) ; ouvrir d'un demi diaphragme (de *f*/8 à *f*/6,3) multiplie la quantité de lumière par 1,5.

Le contrôle de l'exposition

Une image est correctement exposée lorsque les tonalités les plus importantes sont clairement reproduites.

Les niveaux de lumière

Une caméra a besoin d'une certaine quantité de lumière pour donner des images bien définies avec une bonne gradation des tonalités et un minimum de bruit vidéo (la neige) donnant un grain indésirable.

Avec un *éclairage inadéquat,* le bruit vidéo augmente d'une manière excessive, le rendu tonal se détériore et des effets involontaires se manifestent (trainage, rémanence). Toutes les nuances sont excessivement sombres et se confondent avec le noir, ce qui retire toute vie à l'image. Cette sous-exposition ne peut être compensée par une augmentation de gain vidéo (amplification) qui n'aurait pour résultat que d'augmenter ces défauts.

Quand un tube reçoit *trop* de lumière, les nuances sont délavées et les plus claires se confondent dans un blanc anonyme, les détails dans les ombres sont quoi qu'on fasse trop clairs. Un réglage vidéo ne permet pas de compenser cette surexposition.

Pour contrôler la quantité de lumière atteignant le tube, choisissez une ouverture appropriée. Rappelez-vous que ceci joue sur la profondeur de champ.

Pour de fortes lumières vous pourrez être amenés à utiliser *des filtres gris neutre* (p. 106). En intérieur vous choisirez en général de diminuer l'éclairage pour rétablir la situation.

Le contraste

La variété de tonalités et de texture, les parties éclairées et les ombres créent souvent un énorme contraste dans les scènes courantes. L'œil peut discerner environ 100 niveaux de luminosité (le plus clair étant 100 fois plus lumineux que le plus sombre), la caméra est limitée à une échelle de 20 niveaux. En dehors de ces limites les tonalités les plus claires deviennent blanches et les plus sombres noires.

La manière la plus simple pour contrôler la tonalité de l'image est de maintenir en dehors du champ ces luminosités extrêmes. Vous pouvez soit les enlever (par exemple retirer la nappe blanche d'une table) soit modifier l'éclairage (éclairer les ombres et adoucir l'éclairage des surfaces claires).

L'exposition

L'exposition d'une image vidéo s'effectue normalement en regardant un moniteur ou le viseur et en ajustant le diaphragme pour obtenir une bonne reproduction des différentes valeurs du sujet. L'exposition est en général choisie pour un rendu correct des visages, mais si vous voulez conserver du modelé dans les valeurs extrêmes, vous devrez trouver un compromis.

Aucun système automatique ne peut savoir quelles valeurs sont *importantes à vos yeux.* Il règlera le diaphragme pour une valeur moyenne.

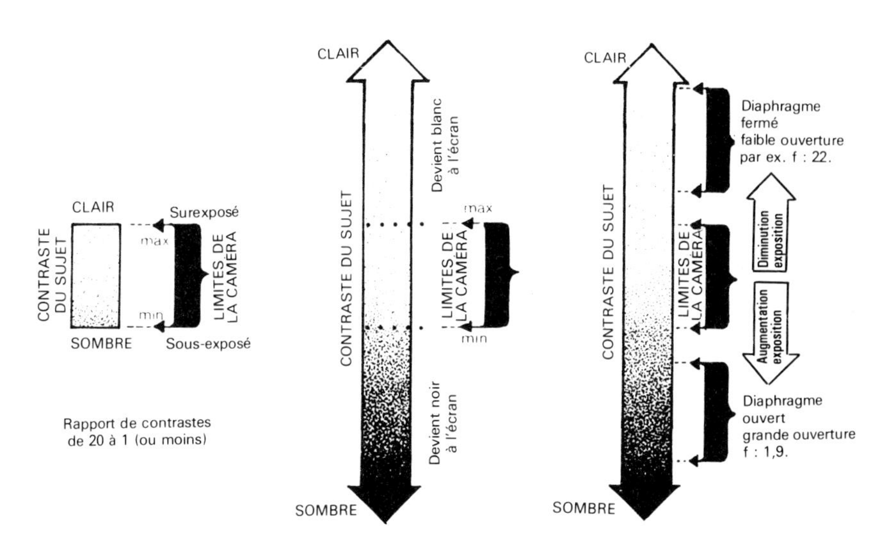

Le contrôle de l'exposition

Les tubes de prise de vues ne peuvent reproduire avec précision qu'une gamme assez limitée de tonalités lumineuses. Si l'éclairement du sujet dépasse les limites du tube, les parties les plus claires et les plus sombres seront « écrasées ».

Le réglage de l'ouverture déplace la zone d'éclairage susceptible d'être correctement reproduite.

En ouvrant progressivement le diaphragme, on améliore le rendu des détails dans les ombres, mais on surexpose les parties claires ; en fermant on améliore la lumière des parties claires mais toutes les parties sombres se confondent.

Une mise au point soigneuse dirige l'attention des spectateurs.

Principes de mise au point

En termes stricts, un objectif ne donne une image nette que de sujets placés à une distance telle que, pour un réglage donné, leur image se fasse dans le plan focal. En pratique, des objets situés un peu en avant ou un peu en arrière, demeurent suffisamment nets. Cette zone de netteté appelée *profondeur de champ,* dépend de la distance de mise au point, de la distance focale de l'objectif ainsi que du diaphragme. Si l'on change l'un ou l'autre de ces paramètres, la zone de netteté deviendra plus grande ou plus réduite.

La profondeur de champ
Lorsque vous visez une scène riche en détails (par exemple un feuillage) vous devez bien avoir conscience qu'en dehors de la zone permise par la profondeur de champ, la netteté va tomber. Dans le cas de fonds plus neutres, un défaut de mise au point peut ne pas être grave.

La profondeur de champ peut devenir très réduite avec un angle de prise de vue étroit / utilisation d'une longue focale et d'une grande ouverture (f/1,9). Une mise au point précise peut alors être délicate, en particulier pour les très gros plans.

Lorsque la profondeur de champ est importante : prise au grand angle/courte focale, diaphragme fermé (f/16), la mise au point n'est plus un problème car tout apparaît net.

Le rattrapage de point
Si la caméra se déplace ou si le sujet se déplace, vous devez retoucher la mise au point. Celle-ci peut être critique ou non, cela dépend de la profondeur de champ et de la finesse des détails. Pour un très gros plan, même de très légers mouvements du sujet peuvent exiger un rattrapage de point. Cependant un tournage en plan général peut comporter de nombreux mouvements sans que l'on sorte d'une zone de netteté suffisante.

Sauf avec un objectif spécial « macro », la mise au point n'est pas possible en-dessous de environ un mètre — c'est la *distance minimum de mise au point.* Pour des champs très étroits (5°) et de longues focales, cette distance minimum peut être beaucoup plus grande.

Où mettre au point
Bien qu'il puisse vous arriver de perdre délibérément le point (par exemple pour suggérer un vertige), vous chercherez en général à garder le sujet principal tout à fait au point. N'importe qui pourra dire si un imprimé est bien « au point », mais pour des sujets plus complexes il peut devenir difficile de choisir le point. Évitez dans ce type de situation de faire le point sur un objet au hasard, par exemple un détail du fond alors que le sujet principal est flou.

Lors de très gros plans de visages, servez-vous des yeux (parfois des dents ou des cheveux) pour parfaire votre réglage. Si nécessaire, déréglez le point un peu en avant et un peu en arrière pour trouver le meilleur réglage. Pour les plans généraux, les détails des vêtements sont souvent les plus utiles pour ajuster la mise au point.

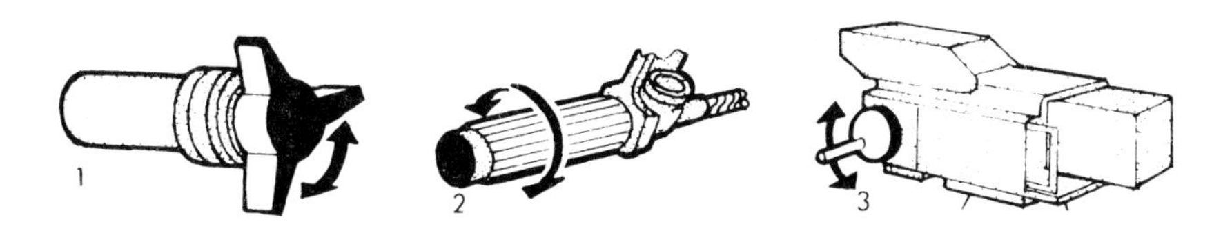

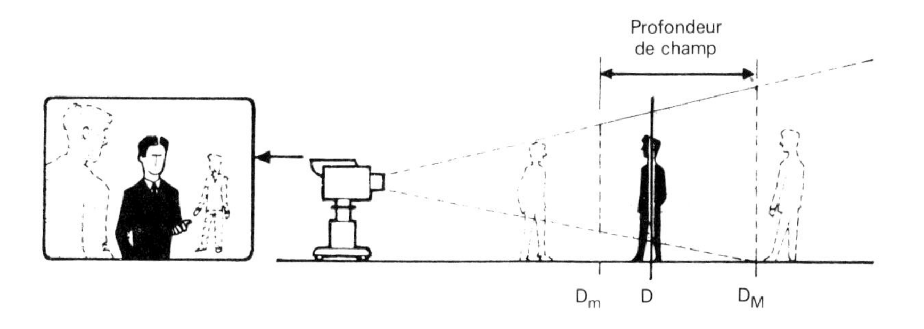

Divers modes de réglage de mise au point
1. Bouton rotatif cranté. 2. Poignée rotative. 3. Manivelle.

Profondeur de champ
A l'intérieur de la zone dite de profondeur de champ, l'image du sujet apparaît nette. Cependant la netteté maximale est obtenue pour la distance D choisie pour la mise au point. A l'extérieur de la zone de profondeur de champ, la netteté tombe rapidement et le sujet doit être considéré comme n'étant plus au point.

Problèmes de mise au point

La profondeur de champ devient plus faible si la caméra s'approche du sujet ou si l'on fait un zoom. C'est la raison sous-jacente à presque tous les problèmes de mise au point. Comme nous le verrons plus tard (p. 58, 100, 102) la profondeur de champ peut devenir si faible que, par exemple, les doigts d'un pianiste seront au point, mais pas le clavier. Une partie de l'image d'un insecte occupant tout le cadre peut être nette tandis que le reste est flou.

Les techniques de mise au point
Dans l'idéal on devrait pouvoir choisir le diaphragme qui donne la profondeur de champ dont on a besoin. Le monde réel n'est hélas pas toujours assez lumineux pour qu'on puisse fermer assez le diaphragme. Paradoxalement en plein soleil il faudra mettre des filtres gris neutre (ND p. 106) pour éviter une surexposition. Cependant si vous avez la chance de pouvoir choisir votre ouverture, plusieurs techniques de mise au point deviennent possibles.

La technique à *grande profondeur de champ* implique simplement de pouvoir diaphragmer à fond pour obtenir une profondeur de champ maximale afin que tous les éléments de l'image soient bien nets. Ceci est idéal pour une action qui se déroule dans un espace étendu ou dans laquelle des objets sont à des distances variées de la caméra.

La technique à *faible profondeur de champ,* d'un autre côté, utilise de grandes ouvertures pour réduire volontairement la profondeur de champ. En conséquence, vous pourrez, par exemple, montrer avec grande netteté une simple fleur, pendant que l'environnement qui pourrait distraire l'attention sera rendu flou.

Le changement de point
Quand la profondeur de champ est insuffisante pour prendre le sujet en entier et que vous ne pouvez pas diaphragmer, il faut prendre des solutions de compromis.

1. Vous pouvez *modifier la mise au point* d'une distance à une autre, par exemple changer de point en passant d'une personne à une autre dans un groupe (mais cette mise au point différentielle est très problématique).

2. Vous pouvez essayer de prendre une *mise au point moyenne* qui donnera le meilleur compromis pour l'ensemble du plan-même si rien n'est vraiment bon.

3. Enfin, vous pouvez choisir un cadre plus large pour augmenter la profondeur de champ.

La distance hyperfocale
Si vous réglez votre objectif sur la *distance hyperfocale* (voir page suivante) tout ce qui se trouvera compris entre la moitié de cette distance et l'infini sera net. Ce choix d'une *mise au point fixe* rend bien des services quand on ne peut se permettre de rattraper le point ou lorsque l'on recherche une grande profondeur de champ.

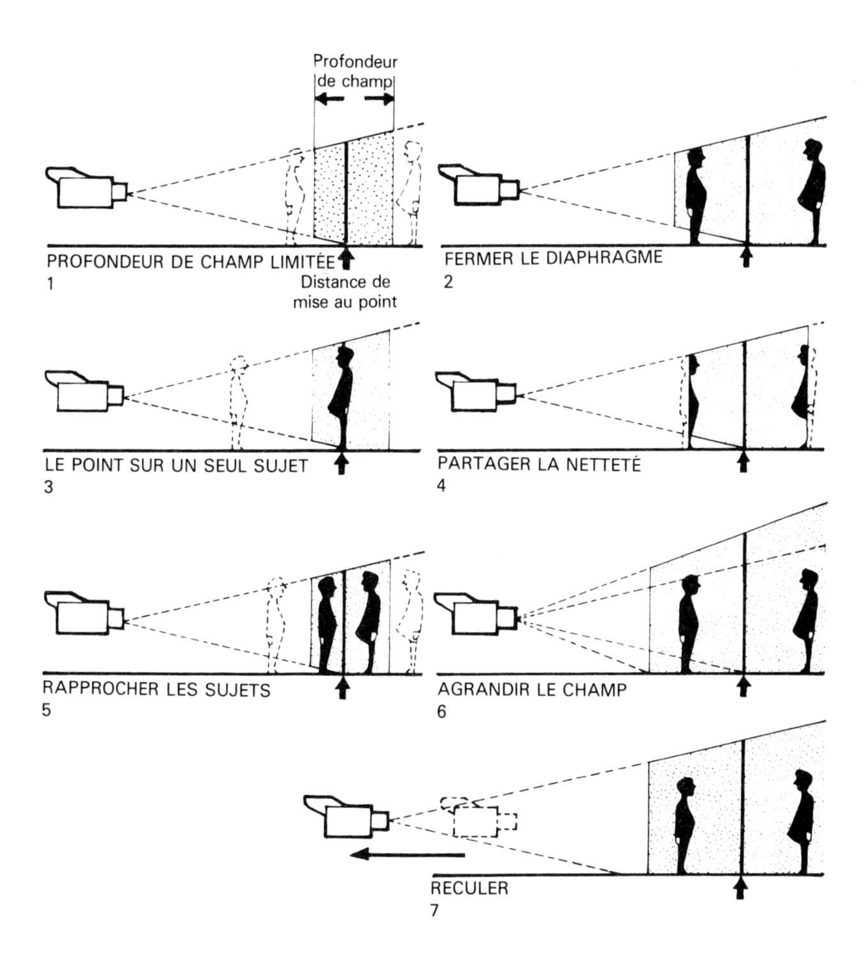

La distance hyperfocale

Si un objectif est réglé sur sa distance hyperfocale, tout sujet situé entre l'infini et la moitié de cette distance sera suffisamment net.

Formule permettant de trouver la distance hyperfocale H :

$$\frac{(\text{distance focale en cm})^2 \times 100}{\text{ouverture f} \times 0{,}05} = H_m.$$

Comment résoudre le problème d'une profondeur de champ trop faible

1. La profondeur de champ peut être si faible qu'on ne peut avoir qu'un seul sujet au point.
2. *Fermer le diaphragme :* la profondeur de champ croît mais l'exposition est réduite.
3. *Faire le point sur un seul sujet* et laisser les autres flous.
4. *Partager la netteté* entre les deux sujets qui sont tous deux un peu flous.
5. *Déplacer les sujets* pour les placer à des distances équivalentes de la caméra.
6. *Utiliser une focale plus courte* (zoom arrière) la profondeur de champ croît mais les sujets deviennent plus petits.
7. *Déplacer la caméra vers l'arrière.*

La profondeur de champ dans la pratique

La profondeur de champ peut subir des variations pendant que vous vous concentrez sur le tournage d'une scène. Alors, soyez prêts ! Souvenez-vous que si vous changez la distance à laquelle vous visez (si la distance du sujet à la caméra varie) si vous faites un zoom ou si vous choisissez un autre diaphragme, la profondeur de champ varie !

En gros vous pouvez estimer que cette zone, par rapport à la distance de mise au point s'étend de 1/3 en avant et 2/3 en arrière. Cette zone est également plus grande pour les caméras à petits tubes (17 mm-2/3 pouce) que pour celles à grands tubes (30 mm-1,25 pouce).

Régler l'intensité de la lumière

La plupart des objectifs ont leur meilleur rendement lorsqu'ils sont partiellement fermés (f/5,6 à f/8). Bien qu'on puisse dire que la réponse à tous les problèmes de profondeur de champ insuffisante soit tout simplement de fermer à fond le diaphragme, ceci est impossible pour une lumière donnée et peut entraîner des détériorations de la qualité de l'image.

Si des machines, des statues ou des pièces de monnaie peuvent être très fortement éclairées, des sujets vivants ou des substances délicates risquent d'être détruits dans ces conditions d'éblouissement et de chaleur. La climatisation pose aussi problème.

Inversement si vous ouvrez l'objectif au maximum pour avoir une faible profondeur de champ ou quand vous travaillez en basse lumière, la définition et la tonalité de l'image seront altérées par l'apparition de défauts (reflets, aberrations).

Les filtres gris neutre, eux-mêmes, utilisés pour éviter une surexposition altèrent quelque peu la clarté de l'image.

Opération pratique

La profondeur de champ influe sur tous les aspects du travail de l'opérateur. Vous comprendrez vite, en utilisant un objectif de grande distance focale, que cette zone de netteté est bien étroite.

L'utilisation d'un objectif à courte distance focale rend la mise au point plus aisée. En fait, compte tenu de la grande profondeur de champ, un réglage est presque inutile. Mais comme nous le verrons (p. 42) on introduit alors des distorsions considérables.

Étant donné qu'un zoom a une distance focale variable, la profondeur de champ varie lorsqu'on change de largeur de champ. Dans un zoom avant la profondeur de champ diminue, elle augmente lors d'un zoom arrière. Ainsi, si vous visez quelqu'un marchant vers la caméra, par exemple, l'utilisation du zoom vous fera toucher du doigt la finesse de la mise au point et combien il vous faudra la retoucher tout au long du mouvement.

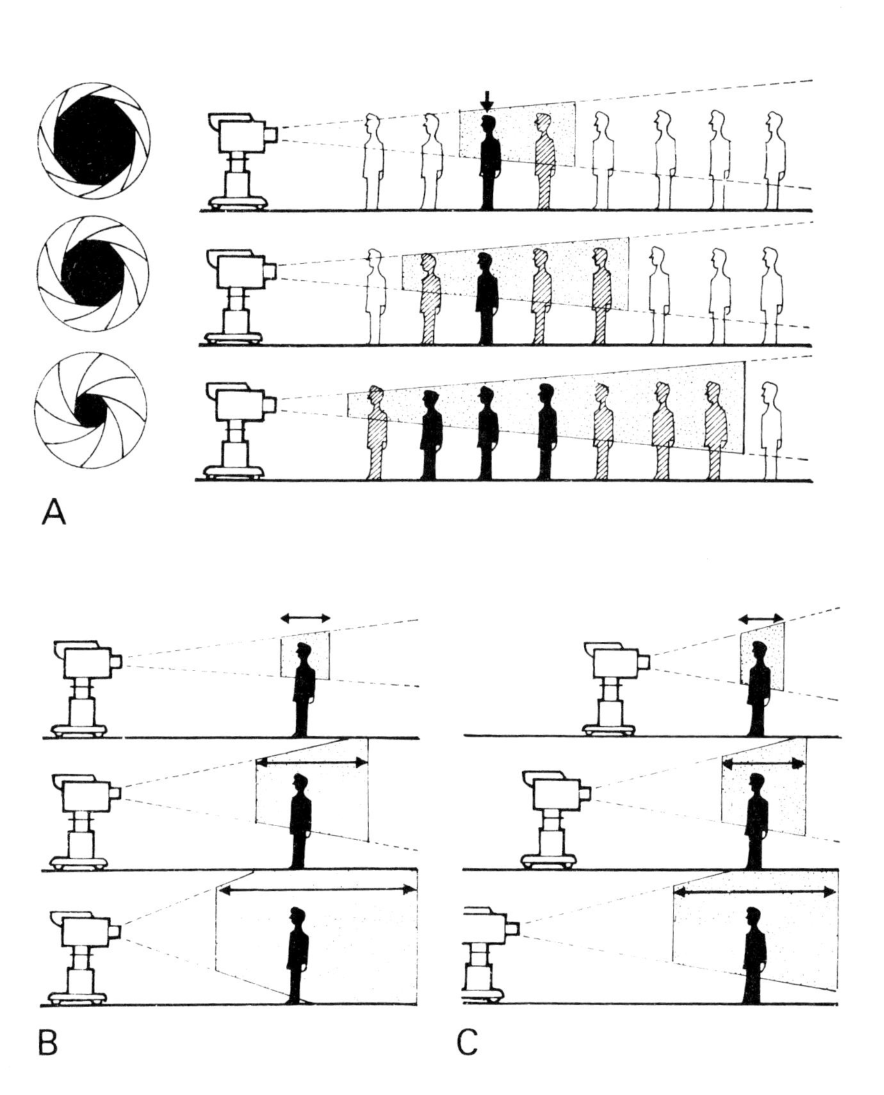

La profondeur de champ change avec
A. *L'ouverture du diaphragme.* Lorsque l'on ferme le diaphragme, la profondeur de champ augmente.
B. *La distance focale.* Lorsque la distance focale diminue, la profondeur de champ augmente.
C. *La distance de la caméra.* Plus la caméra est éloignée du sujet, plus la profondeur de champ est importante.

Distance focale et largeur de champ

Quelle proportion d'une scène l'objectif couvrira-t-il à une distance donnée et, partant, quelles seront les dimensions du sujet sur l'écran ? Cela dépend du rapport entre la *distance focale* de l'objectif et les dimensions de la cible du tube de la caméra.

La distance focale

Les opérateurs définissent souvent un objectif par sa *distance focale.* Celle-ci est gravée sur une bague ou sur la monture de l'objectif (en même temps que l'ouverture maximum). Si l'on change la distance focale (soit en changeant d'objectif, soit en variant le zoom) la dimension du sujet dans l'image varie corrélativement. Si on *double* la distance focale, le sujet apparaît deux fois plus grand (il apparaît plus proche) mais on divisera par deux la hauteur et la largeur de la partie de scène visible. Si on *divise par deux* cette distance focale, l'image du sujet est diminuée de moitié (il apparaît plus loin) mais on verra une scène de dimensions doubles.

La connaissance de la distance focale d'un objectif aide à prévoir quelle image donnera une caméra d'un type déterminé. Vous pourrez aussi prévoir les changements qui interviendront si vous changez la distance focale. Pour déterminer avec précision une prise, vous aurez cependant à vous reporter à une table donnant la largeur de champ.

La largeur de champ

L'objectif donne une image rectangulaire de rapport quatre par trois (indiquée 4/3 ou 1,33/1). Si la *couverture horizontale* est de 40° de gauche à droite, l'angle de couverture verticale sera de 30° du haut en bas du cadre.

Le véritable avantage qui existe en parlant d'*angle de champ* est que les détails d'une prise sont complètement définis pour toute combinaison d'un objectif et d'un tube de caméra. Si l'on dessine l'angle de couverture horizontale sur un plan à l'échelle, on peut immédiatement déterminer les prises de vue possibles et les dimensions respectives de tous les objets dans l'image. On sait exactement ce qui sera à l'image et ce qui sera hors du cadre. Vous pourrez aussi vous rendre compte de ce que provoquera un changement de largeur de champ. Comme tout à l'heure, doubler la largeur de champ divise par deux la dimension du sujet. Diminuer de moitié la largeur de champ fait apparaître le sujet deux fois plus grand (divise sa distance par deux).

Vous pouvez aussi utiliser l'angle de couverture verticale (3/4 de l'horizontale) et le reporter sur la vue en élévation (vue de côté) de la scène pour vous rendre compte si vous ne risquez pas de viser trop haut.

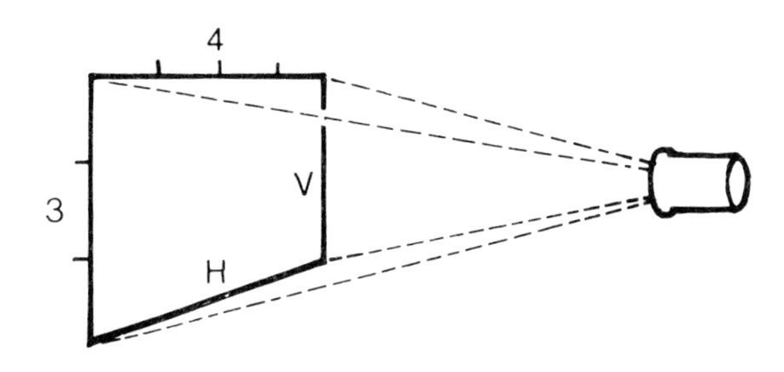

Largeur de champ
Le cadre vidéo est de rapport 4/3 aussi la largeur de champ verticale est-elle les 3/4 de la largeur de champ horizontale. Plus la distance focale est grande, plus la largeur de champ est faible.

Tableau des largeurs de champs possibles pour différents types de tubes
Diamètre du tube : 18 mm ($^2/_3$in)
Dimensions de l'image : 8,8 × 6,6 mm (0.35 × 0.26in)
Distance focale « normale » : 11 mm (0.4in)

Distance focale/mm	Largeur de champ	
	Horizontale	Verticale
6,0	72,5°	57,5°
9,0	52,0°	40,0°
10,0	47,5°	35,5°
12,5	38,5°	29,5°
25,0	19,0°	14,5°
55,0	9,0°	7,0°
110,0	4,5°	3,5°
235,0	2,0°	1,5°
550,0	1,0°	0,75°

Diamètre du tube : 25 mm (1in)
Dimensions de l'image : 12,8 × 9,6 mm (12.8 × 9.6in)
Distance focale « normale » : 16—20 mm (0.6—0.8in)

Distance focale/mm	Largeur de champ	
	Horizontale	Verticale
12,5	54,0°	40,0°
25,0	27,0°	20,0°
50,0	13,5°	10,0°
75,0	9,0°	7,0°
150,0	4,5°	3,5°

Diamètre du tube : 30 mm (1.25in)
Dimensions de l'image : 17,1 × 12,8 mm (0.67 × 0.5in)
Distance focale : « normale » 20—25 mm (0.8—1in)

Distance focale/mm	Largeur de champ	
	Horizontale	Verticale
25,0	36,0°	27,0°
35,0	25,0°	19,0°
50,0	18,0°	13,0°
90,0	10,0°	7,5°
135,0	7,0°	5,3°
225,0	4,0°	3,0°

Bien choisir son angle de champ permet de varier les prises de vue.

Faire varier la largeur du champ

On peut très bien réaliser toute une production en n'utilisant qu'un seul objectif fixe (par exemple un champ de 25°). Pour des plans serrés, vous vous approcherez simplement du sujet (il apparaîtra plus grand tandis que son environnement disparaîtra progressivement). Pour des prises plus larges, vous vous éloignerez (le sujet occupe moins de place dans l'image tandis que l'environnement apparaît plus important).

Si vous n'enregistrez pas en permanence du même point de vue, cette technique ne pose pas de problèmes. Si vous enregistrez en continu, de fréquents déplacements de la caméra, nécessaires pour faire varier la grosseur des plans, peuvent donner une impression d'agitation désordonnée. Quand vous travaillez à plusieurs caméras, vous risquez en outre qu'une caméra ne se retrouve dans le champ d'une autre.

La gamme des champs possibles

En changeant la distance focale de l'objectif, vous modifiez les dimensions de la scène que votre caméra peut saisir d'une position. Tournez une rue vue d'un toit avec un champ de 50° (objectif à courte focale) vous obtiendrez un large plan d'ensemble. Si l'angle devient 5° (objectif à longue focale), vous ne prendrez plus que le dixième de la scène en hauteur et en largeur. Vous pouvez faire un plan rapproché d'une affiche qui était difficilement perceptible. Les grandeurs de champ que nous avons signalées (50° et 5°) sont des valeurs limites classiques pour les zooms de rapport 1/10.

Les *objectifs fixes* peuvent donner des champs allant de 0,5° à 70° et plus ; leurs couvertures sont habituellement choisies afin de fournir une gamme de cadres classiques (p. 48). Des objectifs existent pour des prises de vues spéciales qui fournissent des angles plus larges, c'est ainsi qu'on trouvera le « fisheye » qui peut embrasser un champ allant de 140° à 360°.

Rien ne remplace un mouvement de caméra

Il peut paraître rationnel, si vous voulez modifier les dimensions du cadre, de laisser la caméra fixe et de changer de focale. Ceci évite tous les inconvénients liés au déplacement de la caméra. Sur un zoom ceci s'effectue simplement en manipulant un levier. Il y a des gens qui s'en contentent. Mais, comme vous le verrez, cette technique peut entraîner des effets secondaires indésirables : des distorsions de la perspective et des difficultés de tenue de caméra. Bouger la caméra en utilisant des focales classiques peut être bien plus efficace d'un point de vue artistique.

Il y a, cependant de bonnes raisons pour qu'on soit amené à changer de focale dans la plupart des productions (p. 40). En fait sans les objectifs à focale variable disponibles aujourd'hui, la plupart des techniques de tournage actuelles seraient impossibles.

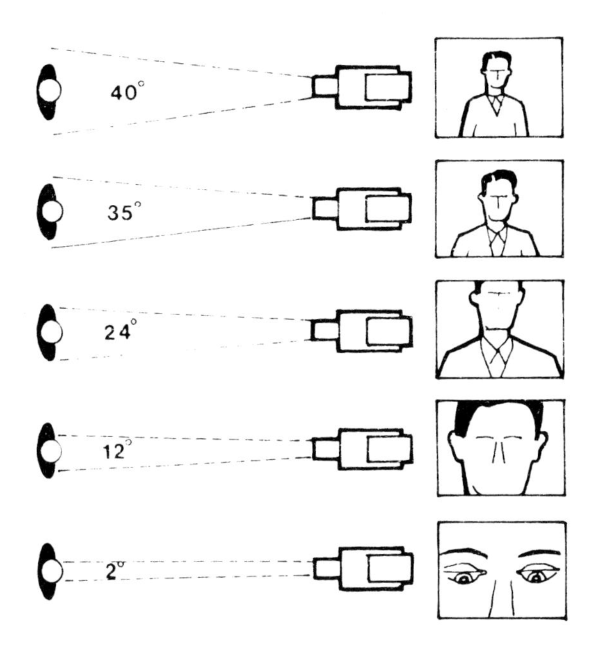

Les variations de couverture
La proportion d'une scène que couvre un objectif (la largeur de champ) dépend du rapport de la distance focale aux dimensions du tube. Si la distance focale change, la largeur de champ évolue en même temps. Par exemple si la distance focale est divisée par trois, la largeur de champ est multipliée par trois. On verra trois fois plus de la scène, mais les personnages paraîtront trois fois plus petits que lors de la prise précédente.

Distance focale et perspective

Si vous êtes assis de manière à discerner tout juste les plus petits détails d'un écran de télévision, vous voyez l'image sous un angle approximatif de 25°. Si la scène a été tournée sous un angle correspondant (disons entre 20° et 27°) la perspective vous paraîtra totalement naturelle.

Si la caméra a enregistré un champ plus large ou plus étroit, l'échelle et les dimensions de l'image sont différentes de celles de la scène originale. Ceci n'est pas toujours évident, ou peut ne pas avoir d'importance, ou bien vous pouvez tout simplement choisir un effet. Prenez l'habitude, sauf si vous avez de bonnes raisons de procéder autrement, de tourner vos plans avec un objectif « normal » (20° à 27°).

Les types de distorsion

Si l'angle de prise de vue *se resserre* (la focale s'allonge) l'écran ne reproduit plus qu'une partie de plus en plus réduite de la scène. La perspective apparaît aplatie, les distances en profondeur sont comprimées. La distance entre les premiers plans et l'arrière-plan est réduite et des objets éloignés prennent des dimensions disproportionnées. Cet « œil télescopique » peut produire d'étranges effets si vous prenez, de loin, de très gros plans de visages. Tout ce qui se rapproche ou s'éloigne de la caméra semble se déplacer à vitesse réduite.

Si l'angle de prise de vue *devient plus large* que la normale, la perspective apparaît exagérée. Espace, distances et profondeur sont magnifiés, devenant beaucoup plus importants que dans la réalité. Les sujets lointains deviennent trop petits. Les personnages semblent venir du fond de l'image à grandes enjambées et les mouvements de caméra sont accélérés.

Théoriquement ces distorsions apparaissent dès qu'on s'écarte d'un champ « normal », mais elles ne deviennent prononcées qu'au-dessous de 10° ou au-dessus de 30°. Elles sont plus évidentes dans les scènes où la perspective est fondamentale (par exemple l'architecture), elles le sont moins lorsqu'il y a peu de références visuelles (par exemple un paysage).

Des distorsions délibérées

Vous pouvez utiliser une longue focale pour donner une impression d'étouffement ou d'encombrement, pour rassembler des sujets proches et lointains (par exemple pour resserrer un défilé qui s'étire à l'infini), pour diminuer l'impression de profondeur et d'espace dans une prise de vue.

Un objectif grand angle peut rendre un espace confiné beaucoup plus ouvert à l'écran. Un endroit très étroit peut devenir spacieux (par exemple un ascenseur) et vous pouvez aussi transformer une composition étriquée en un superbe plan. Le grand angle est aussi utilisé pour obtenir des effets dramatiques, par exemple accentuer les mouvements vers la caméra.

La distance à laquelle on regarde son récepteur
La distance à laquelle vous regardez votre poste TV dépend des dimensions de ce dernier. Si vous êtes trop proche, celui-ci emplira complètement votre champ visuel et vous ne pourrez rien voir d'autre ; trop éloigné vous perdrez des détails de l'image. Une distance de 4 à 6 fois la hauteur d'image est souvent conseillée. L'écran est alors vu sous un angle de 20° - 27°. Si la couverture horizontale de la caméra est de cet ordre à la prise de vues, la perspective paraîtra naturelle.

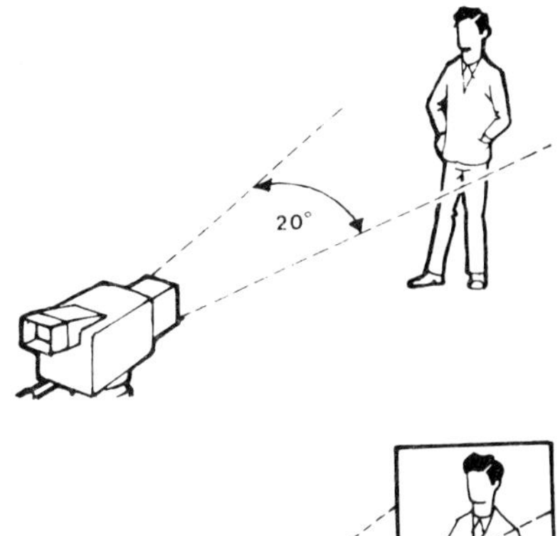

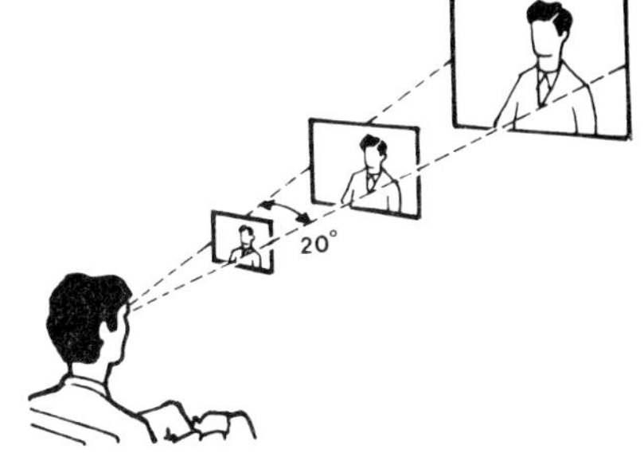

La perspective naturelle
Si vous regardez l'écran de trop loin, ou si un grand angle est utilisé pour enregistrer la scène, la profondeur et les distances apparaissent exagérées à l'écran. Si vous regardez de trop près ou si la scène est enregistrée au téléobjectif, profondeur et distances sont comprimées tandis que les sujets éloignés prennent une importance peu naturelle.

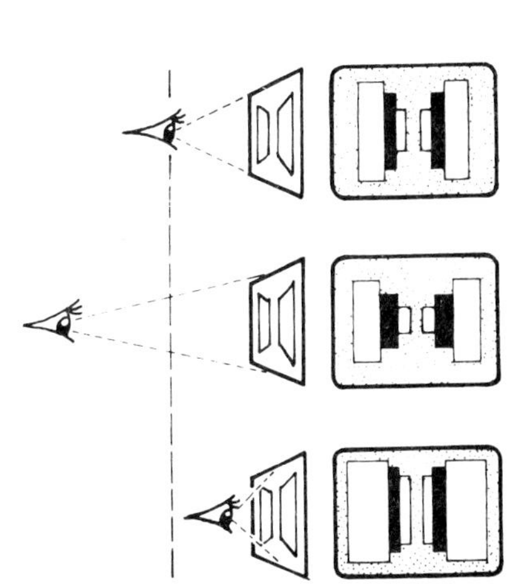

Changer de grosseur de plan résout bien des problèmes de prises de vue.

Pourquoi changer de largeur de champ

Bien que les sensations de distance, d'échelle et de proportion soient modifiées chaque fois qu'on utilise une grosseur de plan différent de la normale, la plupart des caméras vidéo (et de cinéma) disposent d'une large gamme de distances focales.

En effet, en pratique, un choix précis de focales permet d'étendre considérablement les possibilités de tournage. Imaginez combien vous seriez limités pour tourner une scène très vaste ou une prise de vue d'un balcon avec un objectif normal.

Comment peut vous aider un changement de focale

Les objectifs non standard peuvent venir en aide de plusieurs manières :

1. Pour ajuster un cadre sans bouger la caméra. Ils permettent d'agrandir ou de diminuer légèrement un cadre trop serré ou trop large, qu'il s'agisse d'intégrer ou d'exclure du cadre des objets du fond pour parfaire la composition, ou qu'il s'agisse de donner au sujet une dimension convenable dans le cadre.
2. Quand les prises sont impossibles autrement. Les longues focales permettent de très gros plans de sujets éloignés ou inaccessibles quand la caméra est isolée, par exemple sur un toit, quand des obstacles tels qu'un sol inégal ne permettent pas à la caméra de se déplacer, quand le sujet est inaccessible (par exemple derrière des barreaux), quand on utilise un trépied. Le grand angle peut donner une impression de largeur dans un espace étroit ou permet de tourner quand le recul est insuffisant.
3. Pour modifier rapidement la distance apparente, sujet-caméra en même temps que les dimensions de l'image, quand on n'a pas le temps de bouger la caméra. Pendant des pauses courtes on n'a pas toujours le temps de déplacer la caméra surtout quand cela demande des mouvements de chariot compliqués.
4. Pour éviter que le déplacement de la caméra ne détourne l'attention des participants ou empêche le public (ou les autres cadreurs) de voir ce qui se passe.
5. Pour simplifier les opérations. Un zoom peut donner un résultat plus doux, plus rapide et mieux contrôlable qu'un mouvement de caméra. Lorsqu'on vise un sujet plat, il est plus précis de faire un zoom que de rouler la caméra avec l'obligation de suivre le point. Une caméra avec un long foyer risque moins, en faisant de très gros plans, de se trouver dans le champ d'une autre caméra voisine travaillant en plan large. Dans certains cas, changer la focale permet d'augmenter ou de réduire la profondeur de champ.
6. Pour modifier une perspective ou des dimensions apparentes. L'utilisation d'un grand angle permet d'exagérer l'espace tandis qu'un objectif plus serré réduit la profondeur. En augmentant la largeur de champ et en réduisant la distance de la caméra (ou vice versa) vous pourrez changer les rapports des premiers plans et de l'arrière-plan.

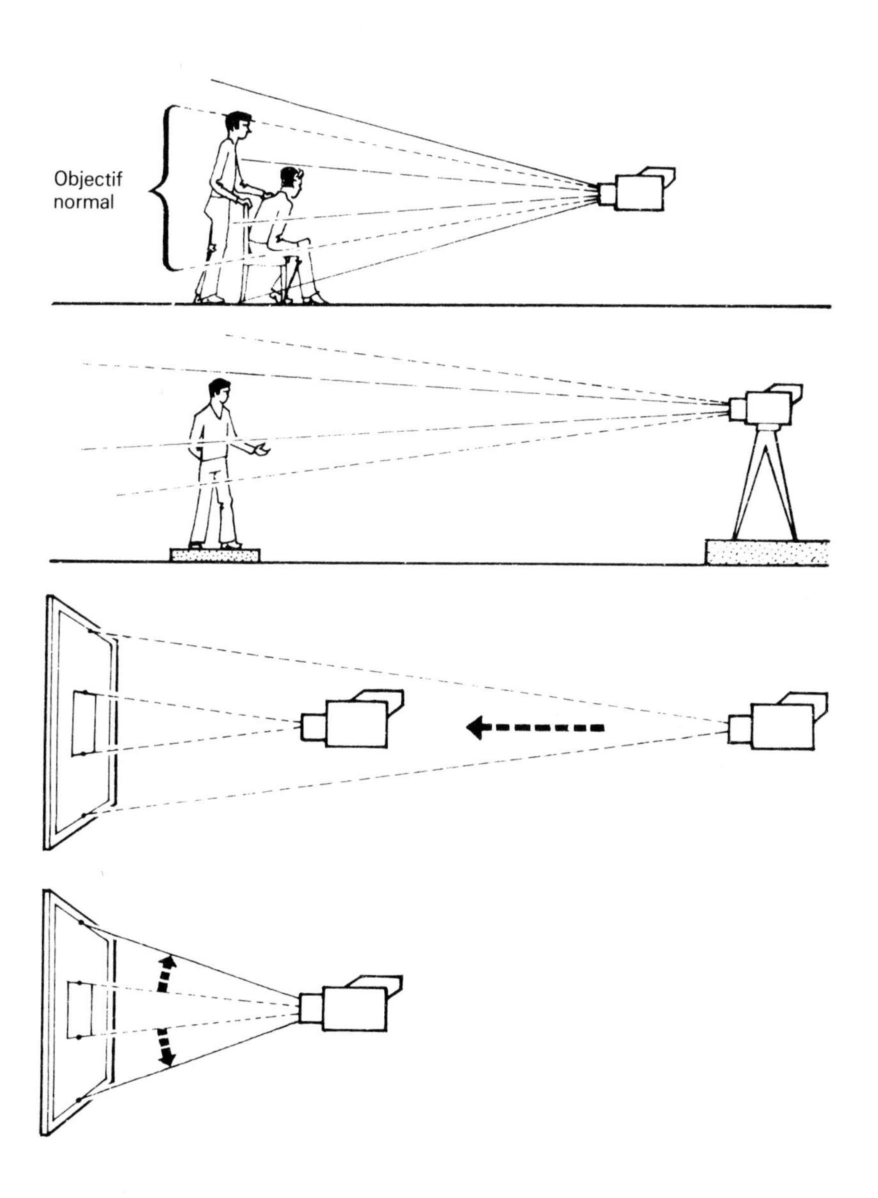

Problèmes classiques
A. Si vous n'avez pas assez d'espace pour faire rouler la caméra, ou bien si ce déplacement risque de perturber les participants ou encore d'introduire un premier plan qui risque de les masquer, il vaut mieux changer de largeur de champ.
B. Si la caméra est fixe ou si un sol inégal empêche tout déplacement, changer de largeur de champ.
C. Lors d'un travelling avant vers un détail, vous pourrez rencontrer des problèmes de mise au point, de cadre et de régularité de mouvement, qui ne se produisent pas avec l'utilisation du zoom.

Un homme averti en vaut deux.

Les problèmes de distance focale

Chaque distance focale que vous serez amené à choisir présentera avantages et inconvénients. Les cadreurs expérimentés acceptent ces contraintes et choisissent le compromis convenant au mieux à la situation.

L'objectif de focale normale

Il donne peu de problèmes réels. Si vous vous déplacez beaucoup, vous pourrez avoir intérêt à choisir un plus grand angulaire pour que le mouvement soit plus simple et pour réduire les secousses de la caméra.

Lors de prises de vue dans de petites pièces, une focale normale peut donner des images trop serrées, même si vous vous coincez le dos au mur ou si vous visez à travers une porte ou une fenêtre. Un objectif à plus courte focale donnera une meilleure prise dans ces conditions contraignantes.

Pour des plans d'ensemble, une focale normale donnera une image du sujet trop petite (il apparaîtra trop loin) dans laquelle le fond prendra trop d'importance. Une focale plus longue donnera une meilleure prise.

Le téléobjectif

Ceux qui ont utilisé des jumelles puissantes pour suivre le vol d'un oiseau connaissent bien les problèmes du téléobjectif. Une caméra équipée d'un téléobjectif peut être difficile à manier doucement. Il est souvent délicat d'éviter des mouvements saccadés et de conserver le sujet bien cadré. Pour les très longues focales (angle de prise de vue entre 0,5° et 5°), un trépied est tout à fait indispensable. Il peut même devenir nécessaire de bloquer la tête pour éviter des tremblements de la caméra.

Puisque la profondeur de champ diminue quand la focale augmente, une mise au point précise peut devenir plus difficile. Le réglage du point peut n'être pas assez sensible si bien que le moindre réajustement fasse perdre totalement la netteté. Les sujets en mouvement ont vite fait de sortir de la zone de netteté, en particulier en gros plan.

Par temps chaud, l'air peut provoquer un tremblotement de l'image pour des gros plans de sujets éloignés. La seule solution est alors de se rapprocher. L'aplatissement caractéristique produit par les téléobjectifs en gros plan ne peut être éliminé que par l'utilisation d'une plus courte focale.

Le grand angle

Bien qu'ils soient très populaires en raison de leur grande profondeur de champ et du confort qu'ils apportent au tournage à la main, les grands angles ont aussi leurs inconvénients... Le sujet apparaît souvent trop lointain (trop petit dans le cadre) et l'arrière-plan occupe une place excessive.

En gros plan la distorsion qu'ils apportent est excessive, elle dénature l'apparence du sujet et accentue bien trop les mouvements vers la caméra. Les reflets dans l'objectif sont aussi trop à craindre dans les plans larges pris au grand angle. En plan rapproché, la caméra risque de projeter une ombre sur le sujet et de poser des problèmes d'éclairage.

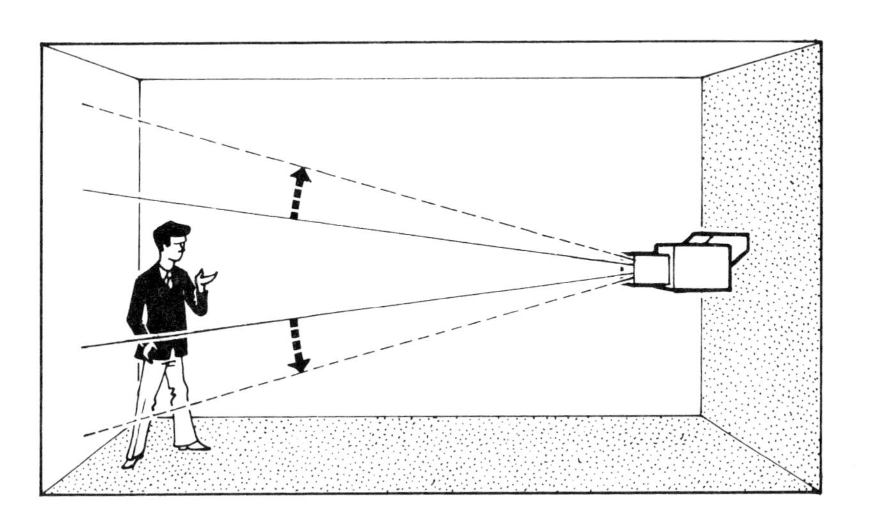

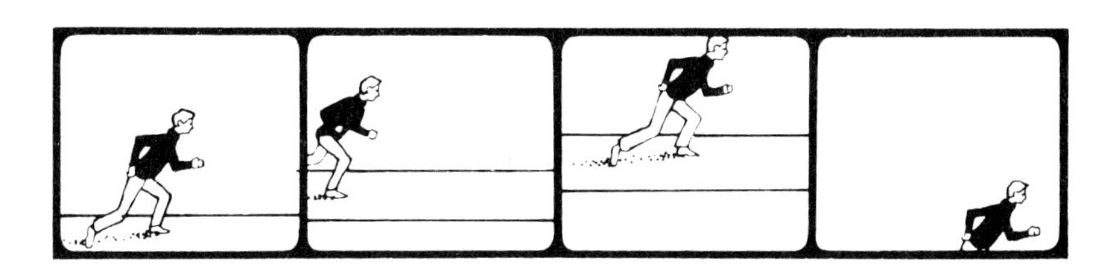

Pas assez d'espace
Si la caméra ne peut s'éloigner assez pour obtenir une couverture suffisante avec une focale normale, il faut choisir une focale plus courte donnant un champ plus large.

Le cadre bouge
Si vous devez suivre au téléobjectif un sujet qui se déplace, votre mouvement risque d'être bien irrégulier. Un cadrage précis est très difficile dans ces conditions.

Tout ce que peut faire un zoom

La plupart des caméras sont aujourd'hui équipées d'un *zoom.* Ce système optique complexe permet une variation continue de largeur de champ puisque sa distance focale réglable peut le faire passer de téléobjectif à grand angulaire. On peut l'utiliser n'importe où, dans sa gamme de possibilités, comme un objectif fixe.

Les zooms sont de type et de qualité optique différents. Dans de nombreux cas, une simplification abusive réduit leurs performances, et l'on voit apparaître lors de l'utilisation des distorsions, des pertes de transmission lumineuse ou des défauts de netteté. Les zooms de précision sont en même temps chers, lourds et encombrants.

Les zooms ont un rapport maximum/minimum de 3 (10° à 30°) de 10 (5° à 50°) ou même plus (par ex. 42). Dans certains types on peut basculer une *lentille additionnelle* intérieure qui permet de multiplier jusqu'à trois fois ce rapport, au prix d'une perte de définition et de transmission lumineuse.

Zoomer

En augmentant la distance focale (ce qui réduit le champ) on réalise un *zoom avant.* Grandissant magnifiquement, l'image du sujet vient emplir l'écran, bien entendu on n'a plus alors qu'une partie réduite de la scène. En réduisant la distance focale on réalise un *zoom arrière.* L'importance de ces variations dépend, bien sûr, de combien on modifie la focale.

Il y a plusieurs types de *commande de zoom,* depuis le levier ou la bague coulissante jusqu'aux dispositifs fixés sur les poignées du pied (poignée tournante, manivelle ou poussoir). Chacun de ces dispositifs possède ses avantages, l'essentiel est d'en avoir l'habitude.

Le boîtier de présélection

Certaines caméras sont équipées d'un *boîtier de présélection* qui peut être fixé au manche ou intégré à la tête caméra elle-même. Ce boîtier possède, en général quatre boutons poussoirs qui permettent de choisir des focales présélectionnées (mais ajustables) pour répondre aux besoins de la production. Il est ainsi possible de passer instantanément ou à vitesse choisie à une largeur de champ prédéterminée. Sans ce boîtier, il aurait fallu ajuster la focale manuellement en surveillant un repère ou en retrouvant, de mémoire, le cadre prévu, dans le viseur. Lorsque le réalisateur a défini, pour certaines positions de caméra, le champ qu'il souhaite, le boîtier peut être programmé à l'aide d'abaques spécifiques ou par mesure directe.

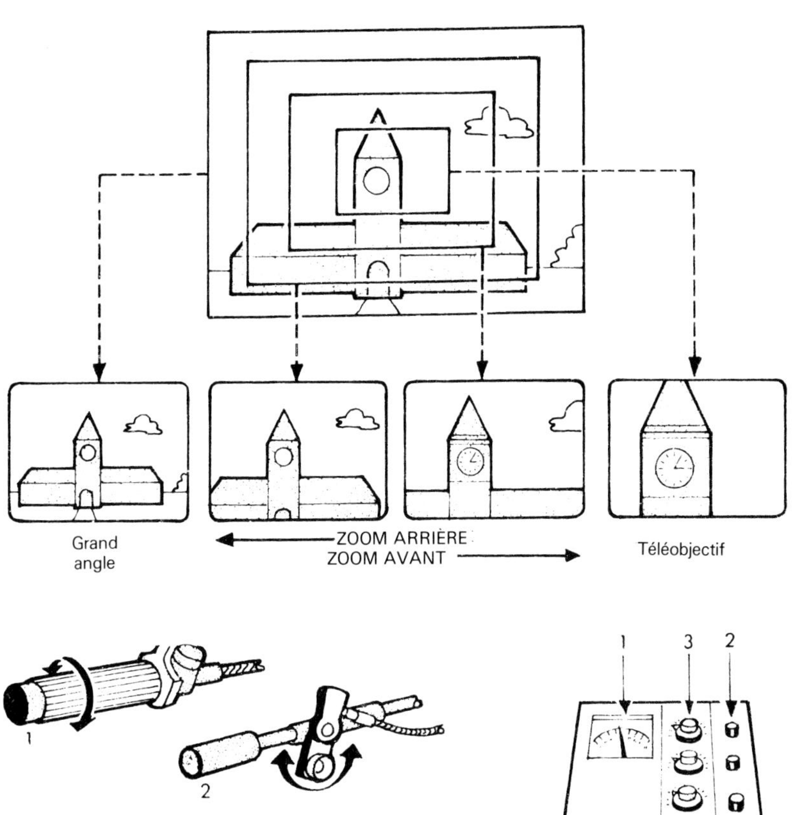

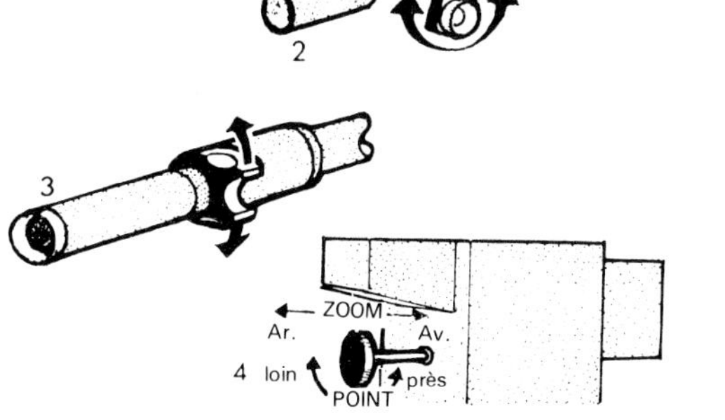

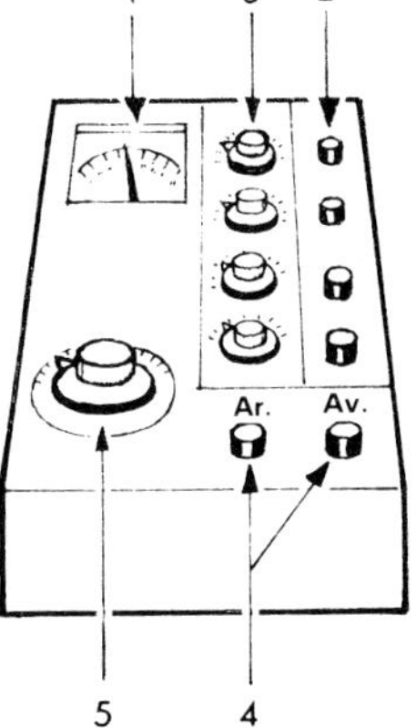

Le zoom
Lors d'un zoom avant l'écran est entièrement occupé par une partie de plus en plus petite du sujet (l'angle de champ devient plus faible et la distance focale plus grande).

Types de commandes de zoom
(1) Poignée rotative ; (2) Manivelle ; (3) Bouton poussoir ; (4) Tige de commande (qui permet également de régler la mise au point).

Boîtier de présélection de focale
Fixé aux bras de commande du pied ou directement sur la tête de caméra, ce boîtier permet une présélection des focales à utiliser.
(1) L'instrument de mesure indique la focale ; (2) Boutons permettant de choisir les focales ; (3) Boutons poussoirs commandant des focales classiques ; (4) Commandes de zoom avant ou arrière ; (5) Vitesse du zoom.

Chaque focale a ses spécificités opérationnelles, le zoom les combine toutes.

Les problèmes du zoom

A première vue l'utilisation du zoom semble la simplicité même puisqu'il suffit de changer la focale pour modifier la prise et de refaire le point quand l'image devient floue. En fait, c'est beaucoup plus que cela.

Comme nous l'avons vu, un *téléobjectif* peut avoir des caractéristiques désespérantes. Il est sensible aux vibrations de la caméra, la profondeur de champ est faible, la mise au point est critique, le rattrapage de point est délicat, la perspective est comprimée.

Un *grand angulaire* propose des problèmes différents. Il est parfois difficile de se rendre compte à quel endroit est le point, la perspective est exagérée en particulier en gros plans, les bords de l'image présentent des déformations géométriques, sans oublier le risque de reflets.

Les caractéristiques d'un zoom évoluent suivant la gamme des focales, en particulier aux extrémités. Au téléobjectif, la tenue de la caméra est difficile, en particulier à la main. Faites un zoom arrière et la tenue devient plus facile, mais au grand angle les distorsions apparaissent.

Si la focale varie continuellement durant une prise, l'impression d'espace, de profondeur et d'échelle devient tout à fait arbitraire dans l'image. Si vous faites un zoom avant et que le sujet commence à se déplacer, vous aurez à le suivre, au téléobjectif, dans des conditions de stabilité défavorables.

Pré-régler le point du zoom

Si vous faites d'une scène un zoom arrière puis que vous reveniez en zoom avant sur un détail, il y a peu de chances pour que votre point à l'arrivée soit correct. En effet, le point est presque arbitraire en plan large, compte tenu de la grande profondeur de champ, le zoom avant, en réduisant cette profondeur de champ rendra la mise au point critique. Toute erreur saute alors aux yeux.

Chaque fois que cela est possible, essayez d'anticiper tout zoom avant en *pré-réglant* subrepticement la distance au préalable (faites un zoom avant à fond, réglez le point, revenez à un plan normal plus large). Quand le moment de serrer sera venu, vous serez certain d'avoir le point. Sans cela, vous vous retrouveriez en train d'effectuer un zoom dramatique... dans le brouillard avec obligation de retrouver le point sans repères.

Certains zooms sont mal conçus et le point varie pendant le zoom. Vous n'y pouvez pas grand'chose si ce n'est vous assurer que l'objectif est bien fixé et tenter de corriger de votre mieux ces variations.

Il faut préparer son point
Dans une prise au grand angle, la profondeur de champ qui est important permet difficilement d'apprécier si la mise au point est exactement la bonne. Si vous réduisez le champ, la profondeur de champ diminue et vous découvrirez en fin de zoom que votre sujet n'est pas au point.

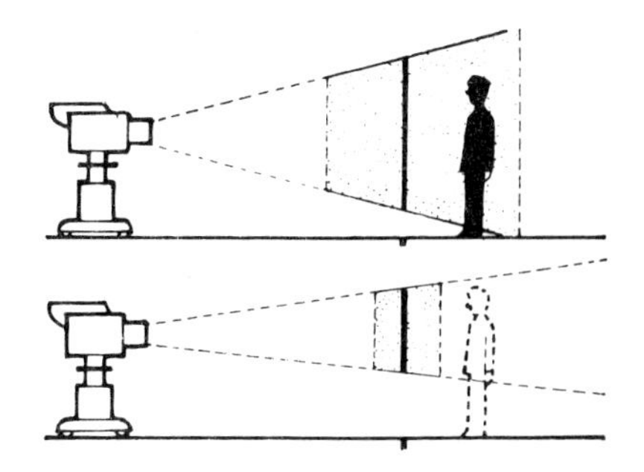

Les déformations de perspective
Un zoom avant modifie les proportions et la perspective apparentes d'une scène en profondeur. Distances et profondeur sont accentuées au grand angle et réduites au téléobjectif.
Un zoom avant sur une surface plane ne fait que changer les dimensions, sans modifier leurs proportions.

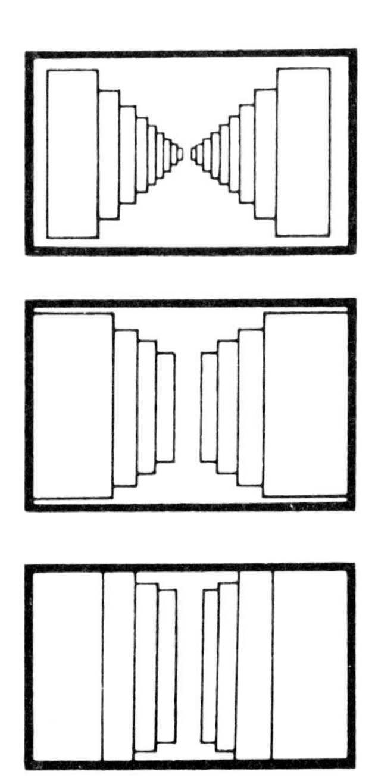

Une classification des prises de vue

La caméra fait beaucoup plus que « prendre une image » d'une situation donnée. Elle transmet au spectateur une certaine impression d'un sujet et de son environnement. Pris d'une certaine manière, ce sujet peut apparaître important et dominant son entourage. Pris sous un autre angle il peut devenir presque secondaire. On peut même parfois presque l'oublier. Aussi, faut-il une méthode de classement des plans pour nous venir en aide dans l'organisation des prises de vues de diverses situations.

Définition des plans

On classe les plans, habituellement, suivant l'importance que le sujet prend dans l'image — s'il nous apparaît proche ou non. Cette classification ne s'occupe pas de savoir si un gros plan est obtenu en rapprochant la caméra ou en utilisant une longue focale. L'*effet* général est différent (perspective, proportions), mais la *dimension* du plan est similaire.

Classification générale

Bien que l'écran TV soit de dimensions réduites, il peut réussir à présenter une grande gamme de plans, spécialement des gros plans — même s'il ne réussit pas à présenter les panoramiques sur les grands espaces d'une manière particulièrement spectaculaire. Chaque type de plan a sa destination particulière dans une production. Le *plan moyen* (*plan rapproché*) donne la sensation d'espace et de distance et aide à comprendre la situation (par ex. : au bord de la mer). Il montre où sont les gens dans la scène (sur un rocher) ou indique les relations qui existent entre deux groupes de personnages (un homme caché attend ses victimes).

Dans un *plan général* (*plan d'ensemble*) la caméra présente une vue éloignée du sujet et de ce qui l'entoure. Il aide ainsi à indiquer où l'action se déroule, il donne une ambiance générale et permet de suivre une action rapide ou très étendue. Le plan général ne montre pas de détails pour lesquels il faudra utiliser de plus gros plans. Un plan peut montrer plusieurs personnes à table, par exemple, être suffisamment proche pour montrer des détails significatifs (gestes, expressions) tout en restant assez large pour transmettre l'atmosphère générale du lieu.

Un *gros plan* (*plan serré*) remplit habituellement l'écran avec un détail très agrandi ; il montre des traits particuliers, il met en relief et parfois dramatise. En excluant l'environnement, le gros plan concentre l'attention évitant peut-être au spectateur d'être distrait du sujet principal par des actions secondaires intervenant aux alentours.

Dimensions des plans
On peut obtenir le même type de plans d'assez près en utilisant un grand-angle ou de plus loin avec un téléobjectif. La profondeur de champ est identique dans les deux cas, mais la perspective apparaît différente.

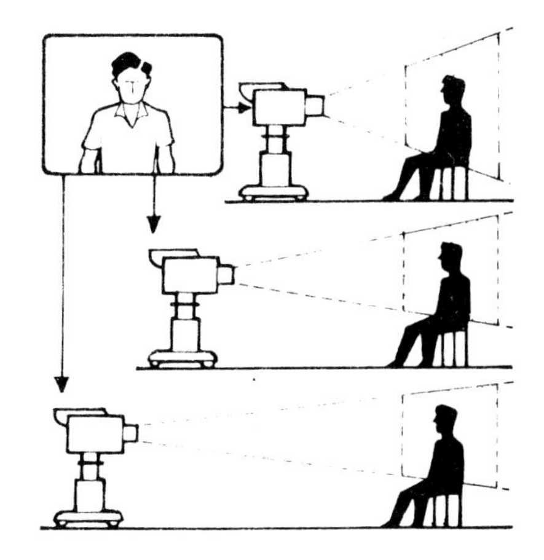

Classification générale
Des termes assez vagues suffisent souvent pour indiquer le type de plan souhaité.
(a) Un plan d'ensemble montre l'ensemble de l'action d'un point de vue éloigné.
(b) Un plan large montre les participants et les détails importants de leur entourage.
(c) Un plan général situe la localisation de la scène.
(d) Un gros plan se concentre sur un détail.

(a)

(b)

(c)

(d)

Les plans de base pour un personnage

Les images satisfaisantes de personnages s'organisent en une série de plans classiques facilement reconnaissables. Ceci donne au réalisateur, qui veut indiquer en peu de mots la prise qu'il souhaite, des références pratiques et rapides. Ne pensez pas que ces plans standards sont le fruit de la routine. L'expérience a montré que ces cadres fournissent les effets les plus plaisants. Tous les autres cadres paraissent malhabiles ou déséquilibrés.

Termes généraux

L'axe de la prise peut être indiqué en termes assez larges : de face, de côté, trois quarts face, de dos. On peut ajouter des indications de hauteur, plongée, contre-plongée, à hauteur d'homme. Parfois une indication générale, telle que plan avec *personnage en amorce* ou *point de vue subjectif* suffit.

Dans certains cas, il est assez simple d'indiquer combien de personnages sont dans le cadre.

Classification

On utilise la classification ci-contre pour indiquer avec précision ce qui doit apparaître d'un personnage dans l'image. On pourra trouver différents termes pour désigner ces plans, mais les cadres eux-mêmes sont universels.

Pour éviter toute confusion, il vaut mieux utiliser la dénomination « locale ». Si un réalisateur parle de plan moyen plutôt que de plan « poitrine », suivez sa terminologie. Après tout, cette classification n'a pour but que de transmettre des informations et c'est l'habitude d'un groupe qui les standardise.

Vous pouvez vous rappeler ces compositions en pensant au cadre coupant sous la ceinture, sous les genoux, etc... En peu de temps, vous penserez automatiquement en ces termes et vous pourrez vous concentrer sur d'autres aspects du travail.

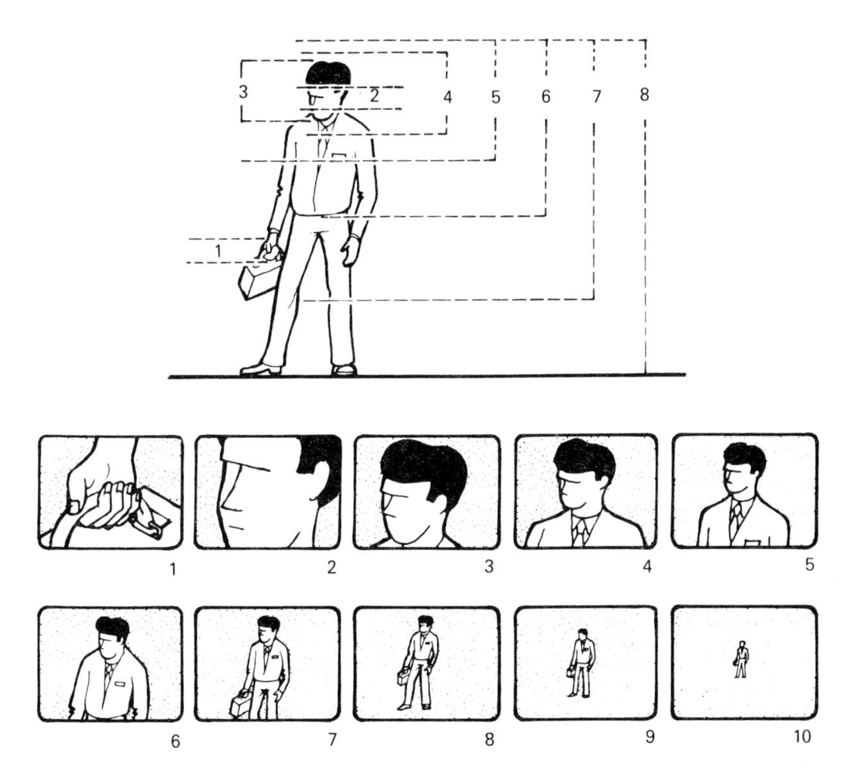

1 Plan de détail.
2 Très gros plan.
3 Gros plan.
4 Plan serré.
5 Plan moyen.
6 Plan taille.
7 Plan américain.
8 Plan pieds.
9 Plan large.
10 Plan d'ensemble.

Ce n'est qu'exceptionnellement que vous voulez rendre un personnage grotesque ou contrefait.

Des cadres agressifs

La caméra ne sait être tendre qu'avec un nombre restreint de personnes ! mais alors, que la lumière soit dure, le maquillage loupé, le regard de la caméra critique, ces personnes sont toujours à leur avantage. Hélas, pour la plupart d'entre nous, la caméra a le pouvoir de transformer notre apparence, de la déformer au point que nos plus proches amis en perdent la parole.

Essayons de voir comment la caméra procède pour accentuer nos défauts physiques et déformer notre apparence.

L'influence de la focale

Puisque un téléobjectif aplatit la profondeur d'une image et qu'un grand angle tend à l'exagérer, il n'est pas trop difficile de deviner ce que ces objectifs peuvent donner quand ils reproduisent la structure tridimensionnelle d'un visage.

Si vous êtes trop près avec un grand angle, le nez et le menton deviennent, de face, proéminents, la sphéricité de la tête est accentuée et le front devient fuyant. Les résultats sont tellement grotesques que personne ne peut s'attendre à une image sérieuse dans ces conditions. Mais si le lieu est étroit ou si le déplacement de la caméra est limité, vous devrez bien vous résoudre à opérer ainsi, même si le résultat est caricatural.

On préconise parfois l'utilisation d'objectifs plus serrés que la normale pour le portrait. Vous verrez vite que de très longues focales utilisées en gros plan pour des personnages éloignés produisent une compression du visage inacceptable. De face, l'image perd tout relief, le nez est aplati tandis que menton et front deviennent proéminents. On dirait un photomontage. Il est pourtant si pratique quand un personnage est éloigné (surtout si la caméra ne peut se déplacer) d'en faire un gros plan au téléobjectif et de ne pas tenir compte des déformations qui en résultent.

L'influence de la hauteur de la caméra

La hauteur de la caméra peut modifier l'apparence d'un personnage de plusieurs manières. Les prises de vue en plongée tendent à accentuer la calvitie, la poitrine et l'embonpoint, et d'une manière générale rendent le personnage plus petit et moins imposant.

Les contre-plongées, à l'inverse, accentuent le nez, en particulier des narines larges ou dilatées ; les prises de vue d'en-dessous attirent l'attention sur un cou décharné ou sur un maxillaire lourd. Une personne au front haut ou dégarni peut apparaître complètement chauve lors d'une telle prise de vue.

Influence du fond
Un fond mal choisi peut attirer l'attention sur des aspects peu agréables d'un sujet.

Prises de vues d'en-dessus
Un point de vue élevé peut donner des résultats peu flatteurs. Il souligne les calvities et élargit les fronts. En réduisant la hauteur apparente des personnages il les fait apparaître faibles et manquant d'autorité.

Prises de vues d'en-dessous
Un point de vue très bas peut attirer l'attention sur d'autres points peu intéressants : un cou décharné, des yeux très enfoncés dans l'orbite, les narines. Il peut en outre suggérer une calvitie.

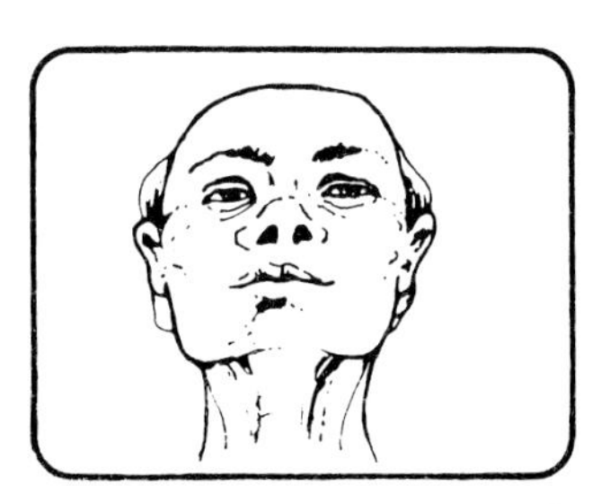

Utilisé pour « prendre » l'environnement, une action étendue, une atmosphère.

Le plan général

La localisation est la vocation du plan d'ensemble. Normalement un plan général est utilisé pour indiquer où se passe une action, pour suivre une action rapide et étendue, pour montrer les relations entre groupes d'objets ou de personnages, pour préciser l'effet de l'environnement (montrer qu'un endroit est riche, sordide, encombré ou vide), donner des informations sur la situation (par ex. : plein soleil, clair de lune à travers une fenêtre, dîner aux chandelles).

Sur le petit écran télé, les plans généraux ne donnent qu'une impression globale, ils ne peuvent montrer les détails, aussi doit-on intercaler des plans plus serrés pour donner une représentation visuellement équilibrée. Que vous utilisiez couramment ou occasionnellement des plans d'ensemble dépendra du type de production. Une course de chevaux, par exemple, appellera en permanence des plans plus larges, tandis que pour une exposition florale vous préfèrerez des plans serrés.

Comment utiliser la caméra

En plan général, la profondeur de champ est considérable et la mise au point ne pose pas de problèmes. Cependant, il est peu probable que vous puissiez réaliser de grands panoramiques, sans sortir de la zone d'action, sans « accrocher » un projecteur, une caméra ou tout autre objet étranger à la prise.

Si vous devez utiliser un grand angle pour réaliser ce plan d'ensemble (car la couverture serait insuffisante sans cela), la perspective sera exagérée et des lignes droites près des bords de l'image risquent de se trouver courbées ou penchées d'une manière non naturelle.

La plupart des déplacements de caméra sont peu sensibles en plan général, bien que les changements de hauteur de la caméra puissent avoir des effets dramatiques.

Les reflets dans l'objectif

Si vous tournez en lumière artificielle et si des éclairages tournés vers la caméra sont en bordure de cadre (contre-jour) vous risquez en permanence des reflets dans l'objectif. Dans une image TV couleur, ces défauts prennent la forme de taches, de rayons, de marbrures ou de voiles couvrant une partie de l'image ; bien visibles sur un moniteur couleur, ces reflets peuvent passer inaperçus dans un viseur noir et blanc.

L'espace
Si l'espace vous manque pour faire un plan large, essayez de vous en tirer en visant à travers une porte ou une fenêtre.

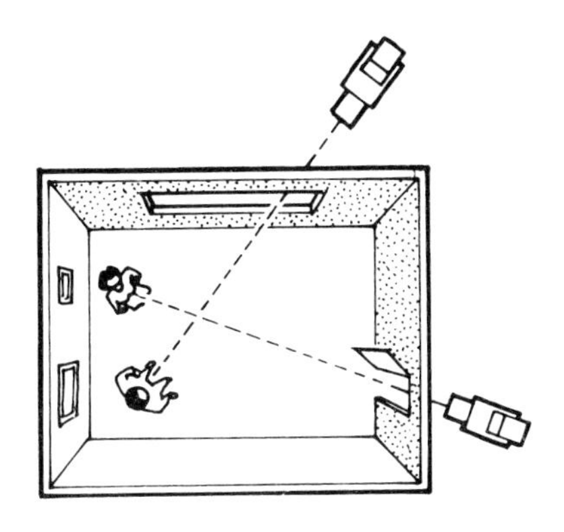

Les dépassements de champ
Les caméras peuvent très facilement dépasser les limites du champ qui était prévu et cadrer des objets tout à fait indésirables.

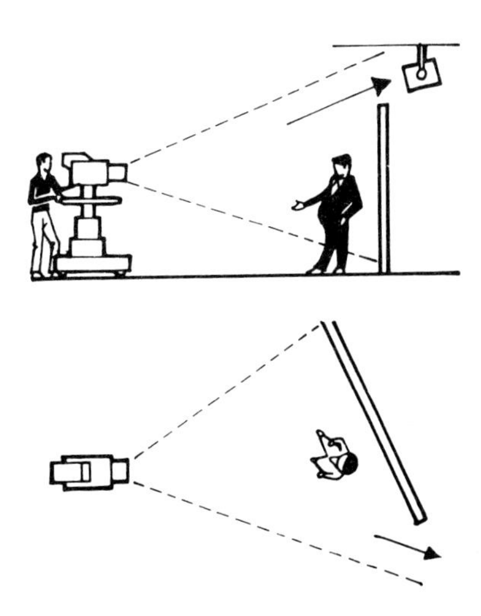

En général sans problème, les plans moyens sont parmi les plus utilisés.

Les plans moyens

Toute une gamme de plans peut être appelée plan moyen. Pratiquement, on peut les définir comme allant d'un personnage en pieds jusqu'à un cadre à la ceinture. La fonction d'un plan moyen se situe entre l'information environnementale du plan d'ensemble et la précision du gros plan. Il représente le sujet et son entourage afin que l'ensemble des deux influence le spectateur.

Comment utiliser la caméra

Du *plan en pieds* jusqu'au *plan de trois quarts,* vous pouvez cadrer des gestes importants tels que de grands mouvements de bras. Avec ce type de plans, vous ne rencontrerez pas de difficultés pour cadrer un sujet qui se déplace un peu.

La profondeur de champ est suffisante pour une ouverture normale (f/5,6) et le sujet est bien au point tandis que les détails du fond se trouvent adoucis. Si le plan devient plus serré, les objets alentour deviennent moins distincts, perdent de l'impact ce qui donne plus d'importance au sujet.

En plan *moyen,* vous pouvez déplacer doucement la caméra pendant la prise (en utilisant un objectif normal ou un grand angle) ce qui donne des changements d'axes efficaces, surtout si votre mouvement est motivé par une action intervenant dans la scène tournée (par ex. quelqu'un se levant pour aller ouvrir une porte).

L'intérêt du spectateur

Le plan moyen fournit au réalisateur un point de vue sûr, inattaquable et d'utilisation générale. Il propose au spectateur une bonne quantité d'information détaillée et peut maintenir son attention pendant un temps assez long (alors que les plans d'ensemble encouragent l'attention du spectateur à musarder à l'intérieur de la scène, les plans serrés confinent cette attention sur une information réduite et ne peuvent être supportés que pendant des durées plus courtes.)

Les plans moyens
Ils ont plusieurs effets importants. Ils permettent au spectateur de discerner de nombreux détails tout en lui révélant le cadre dans lequel se déroule l'action. Le décor, l'éclairage... etc... y sont importants. Les plans moyens peuvent donner à voir une action large sans qu'il soit nécessaire de repositionner la caméra.

Les difficultés qu'ils présentent leur ont donné mauvaise réputation.

Les plans serrés

Plus le plan que vous réalisez est serré, plus le travail à la caméra devient délicat. Les problèmes que vous rencontrerez dépendront de la méthode que vous aurez choisie.

Une prise de vue rapprochée avec un *grand angle* risque de donner des ombres portées et déformera le sujet.

Utilisez un *téléobjectif* — de plus loin, bien entendu — et ces problèmes de déformations vont disparaître. Vous risquez alors d'être limités par la *distance minimum de mise au point* et de découvrir que lorsque vous aurez rapproché suffisamment la caméra, vous ne pourrez plus réaliser la mise au point ! La prise en mains de la caméra n'est alors plus assez précise pour permettre un cadrage fin, en outre la longue focale aplatit le modelé.

La profondeur de champ

La profondeur de champ est si réduite en plan serré que vous serez parfois amenés soit à accepter la situation en perdant le point, soit à tenter d'augmenter la profondeur de champ par l'une ou l'autre des méthodes suivantes :

1. *Fermer le diaphragme* (mais il vous faudra plus de lumière).
2. Choisir un plan *plus large* (mais le sujet deviendra plus petit).

Les mouvements du sujet

Plus le plan est serré, plus il devient difficile d'enregistrer le mouvement. Le cadrage et la mise au point deviennent moins précises, et puisque le sujet occupe presque tout l'écran, le moindre de ces défauts devient terriblement évident. Bien qu'on puisse accepter qu'une partie du sujet sorte du cadre, il est préférable de tenter de maintenir tout mouvement du sujet dans l'image.

Si vous prenez un plan serré d'un livre dont les détails doivent être clairement distingués, vous devrez en fixer soigneusement les pages. Pour des plans très serrés (par ex. un cadran de montre), un simple tressaillement de la main peut devenir désastreux.

Immobiliser le sujet

Pour éviter des ennuis, quand cela est possible, fixez l'objet sur une table dans une position repérée à l'avance. Si les détails sont véritablement très fins (par ex. un timbre poste) il vaut mieux faire un *plan de coupe* (qui sera ensuite monté) plutôt que d'essayer d'enregistrer dans la continuité d'un plan séquence.

Les limites
Dans les très gros plans, l'action doit être maintenue très précisément à l'intérieur des limites du cadre.

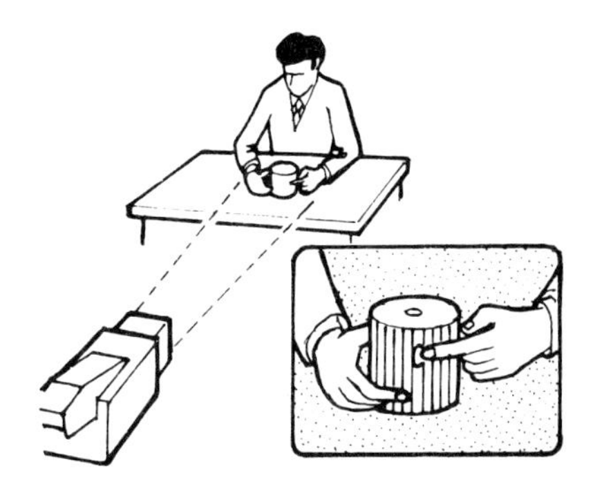

Une faible profondeur de champ
La profondeur de champ est limitée, mais tirez-en le meilleur parti. Disposez les surfaces importantes perpendiculairement à l'axe de l'objectif ; si elles étaient disposées obliquement, une partie en serait automatiquement floue.

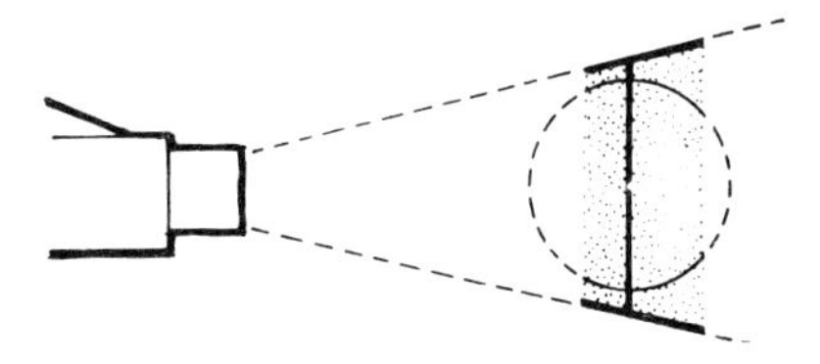

Comment calculer ses prises de vue

S'ils connaissent la distance focale ou l'angle couvert par l'objectif qu'ils utilisent, un opérateur ou un réalisateur expérimentés peuvent savoir avec précision le type de plans qu'ils peuvent obtenir. Un réalisateur qui veut, pendant une répétition, des renseignements sur les cadres, utilise un chercheur de champ qui lui permet de visualiser les champs que différentes focales permettent. C'est très bien quand il y a quelque chose à regarder, mais que faire quand le plan de tournage est établi avant que le décor ne soit construit ?

Si vous avez un plan d'implantation dans le studio, vous pourrez définir ce qui sera à l'image, en utilisant un simple rapporteur transparent à la place prévue pour la caméra. Mais que faire si vous n'avez pas ce plan à l'échelle ?

En vous reportant à l'abaque, vous verrez d'un coup d'œil les prises que vous pourrez faire suivant l'angle de couverture de l'objectif et la distance du sujet. Cela évite des calculs laborieux, la consultation de tables, ou bien des essais et des erreurs. Pour augmenter l'échelle, il suffit de multiplier par deux ou plus.

En sachant, par exemple qu'un personnage est à 3 m, vous verrez qu'il faudra une ouverture de 10° pour un très gros plan. Si votre champ le plus étroit n'est que de 20°, il vous faudra rapprocher la caméra jusqu'à 2,5 m environ pour obtenir le même résultat.

Comment utiliser l'abaque

1. *Pour visualiser votre champ,* tracer une verticale correspondant à la distance caméra. L'intersection avec la droite donnant l'ouverture angulaire fournit par rappel sur l'échelle de gauche la dimension du champ.
2. *Pour déterminer la distance au sujet* pour obtenir un type de plan, une horizontale tracée à partir des dimensions du plan (sur l'échelle de gauche) coupe la droite « ouverture angulaire » en un point qui, rappelé sur l'échelle du bas, fournit la distance.
3. *Pour trouver l'ouverture angulaire* nécessaire à un plan, tracer une horizontale correspondant au plan choisi, une verticale correspondant à la distance, leur intersection détermine le choix de l'objectif.
4. *Pour trouver la largeur de la scène* embrassée par l'objectif, remontez de la distance jusqu'à la droite « ouverture angulaire », puis un coup d'œil sur l'échelle de gauche (la hauteur est 3/4 de la largeur).
5. Si vous voulez qu'un sujet occupe *une certaine proportion du cadre,* c'est très simple. Supposons que ce soit 1/3 de la largeur, multipliez la dimension du sujet par trois et vous pourrez déterminer les couples distance/ouverture convenables.

Largeur de champ	
Horizontale	Verticale
5°	3,75°
10°	7,5°
15°	11,25°
20°	15°
25°	18,75°
30°	22,5°
35°	26,25°
40°	30°
45°	34°
50°	37,5°
55°	40,25°
60°	45°

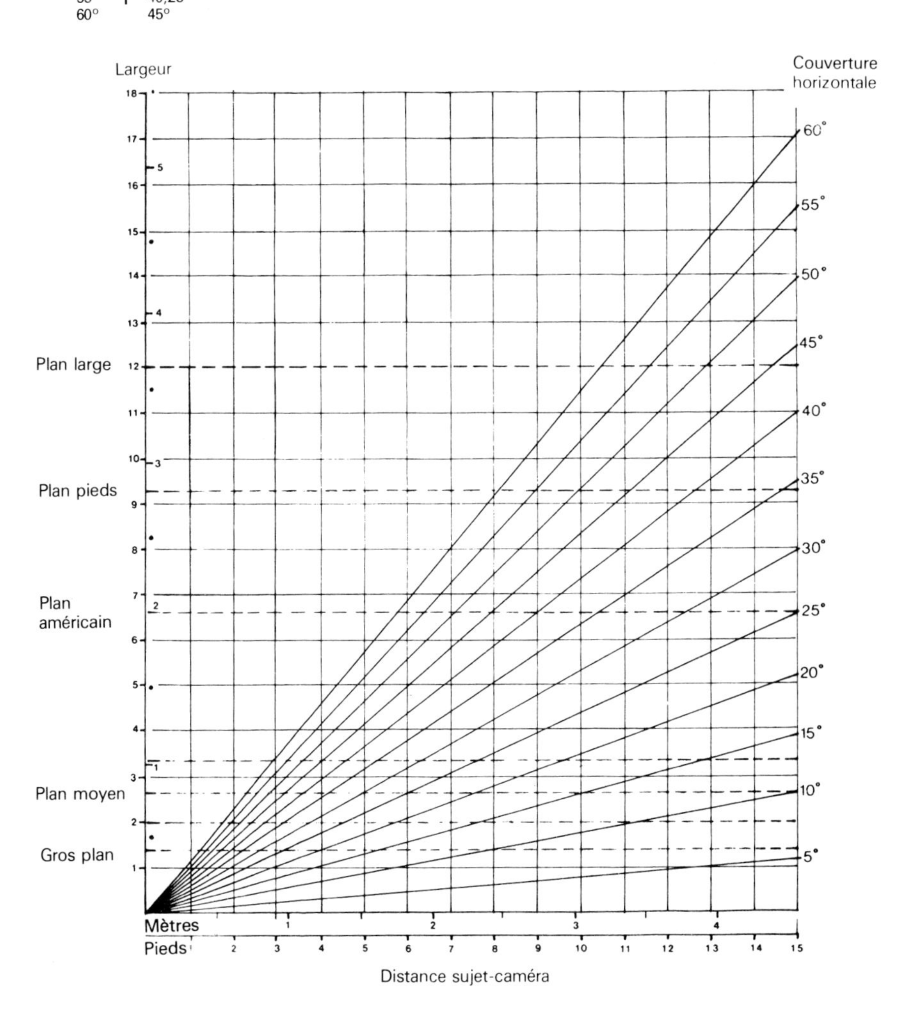

Abaques universels
Ils donnent d'un simple coup d'œil tous les renseignements concernant les plans souhaités. Pour des distances plus grandes ou plus courtes, il suffit de multiplier ou de diviser l'échelle.

Les bases de la composition

Bien qu'on ne puisse ici qu'effleurer les principes de la composition picturale, ces éléments de base vous aideront à choisir et à construire une image plus agréable. Regardez bien les films ou les programmes TV et vous verrez qu'ils sont de pratique courante. Avec l'habitude, vous arriverez vite à composer des images ayant l'effet le plus fort.

Les lignes

Les lignes sous-tendant la composition de l'image affectent directement son impact. Qu'il s'agisse de lignes *réelles* (structurelles ou peintes) ou *imaginaires* (dues à la disposition d'objets ou de personnages), elles influencent chez le spectateur la sensation de ce qu'il voit. Ces axes de la composition conduisent l'œil à l'intérieur de l'image.

Des lignes droites *verticales* donnent à l'image hauteur, raideur, sévérité. Les *horizontales* peuvent suggérer largeur, ouverture, stabilité, repos.

Si vous choisissez un point de vue oblique, le même sujet devient dynamique, excitant, énergique, instable. Les axes de la composition sont maintenant des *diagonales,* lignes qui retiennent plus l'attention.

Les courbes sont associées à la beauté, l'élégance, le mouvement, un certain rythme visuel, mais elles peuvent aussi paraître faibles.

La tonalité

La tonalité donne l'ambiance et l'équilibre d'une prise. Placez un sujet devant un fond *clair,* et l'effet est chaleureux, simple, délicat, vivant, ouvert. S'il est sur fond *sombre,* l'image devient dramatique, violente, terne.

Les tonalités des différentes parties de l'image peuvent provenir de la tonalité du sujet lui-même (par ex. un costume gris) ou de la quantité de lumière qu'il reçoit. Une boîte gris neutre peut paraître claire ou sombre sous différents éclairages.

Quand nous jugeons un ton ou une couleur, notre interprétation est affectée par ce qui l'entoure. Devant un fond de tonalité ou de couleur très *contrastante* (du clair devant du noir ou inversement) les différences deviennent excessives.

L'équilibre

Une image intéressante est *équilibrée* autour de son centre, elle peut être *symétrique* (formelle, simple mais relativement monotone) ou *asymétrique* (avec des zones plus légères en bord cadre, équilibrées par une composition plus dense au centre).

L'équilibre est affecté par les formes, les tonalités, les dimensions des éléments, leur disposition et leurs relations.

L'unité

L'unité est le principe qui fait disposer les sujets dans le cadre de manière à ce qu'ils apparaissent reliés ou groupés et non jetés au hasard.

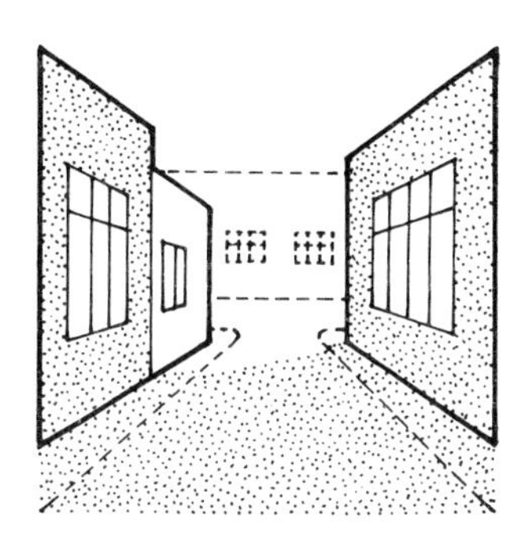

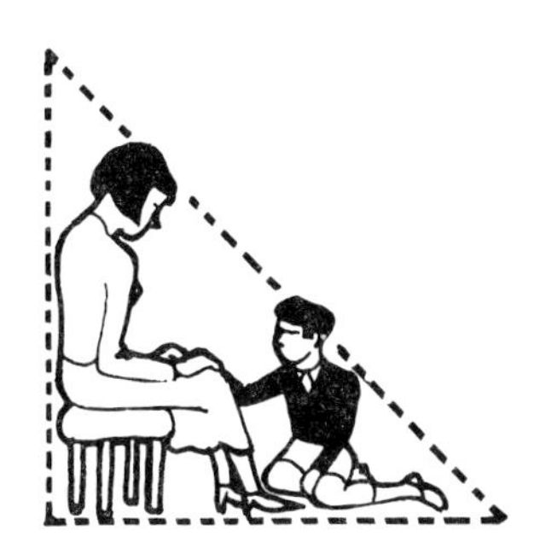

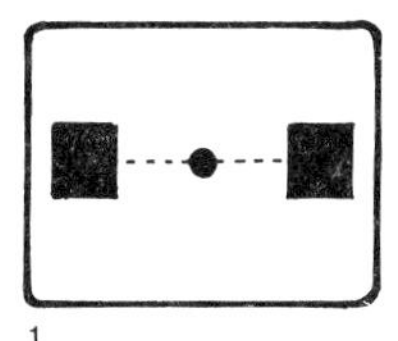

1

2

3

4

Les lignes
Les lignes en dessinant les formes dirigent le regard à l'intérieur de l'image. Ces lignes peuvent être réelles, véritablement inscrites dans l'architecture de la scène : ici des lignes convergentes attirent l'attention vers le bâtiment du fond. Elles peuvent aussi être complètement imaginaires, la composition de l'image nous donnant l'impression qu'elles existent : ainsi pour ce triangle qui semble donner stabilité et unité au sujet.

La tonalité
La tonalité influence notre réponse à une image. Les tons sombres donnent une impression de confinement que l'on comparera à l'impression d'ouverture due à la tonalité lumineuse de la deuxième image.
Des vêtements clairs ressortent mieux sur un fond sombre.

L'équilibre
1. Les plans doivent être équilibrés par rapport au centre de l'image.
2. Un manque d'équilibre dans la composition rend l'image tout à fait instable.
3. Une composition parfaitement équilibrée et symétrique peut être tout à fait inintéressante.
4. Si vous choisissez bien, par un cadrage soigné, la position et la dimension des zones de tonalités différentes, vous obtiendrez une image très attirante.

La composition pratique

Tandis qu'un peintre, devant sa toile blanche, peut choisir à sa guise comment il va organiser formes, textures, voisinages de couleurs... etc... l'opérateur travaille dans le monde réel, il compose son image avec ce qui est là, devant lui sur le plateau.

Il lui est parfois possible de réorganiser une scène ou de modifier la position des participants pour améliorer un plan. Mais la qualité principale d'un cadreur vidéo réside dans son habileté à saisir toutes les occasions visuelles, à choisir le meilleur point de vue et à cadrer le sujet de la manière la plus efficace. S'il fait cela adroitement, le résultat sera si convaincant qu'on pourra penser que tout est arrivé naturellement. Mais si le plan est mal composé, il semblera artificiel, il ne retiendra pas l'intérêt des spectateurs ou laissera leur attention s'envoler.

Régler la composition

Quand un réalisateur pré-détermine l'emplacement d'une caméra (c'est ce qui se passe la plupart du temps), le cadreur doit composer ses plans selon les possibilités offertes par cet emplacement. A première vue, celles-ci peuvent paraître bien limitées et n'offrir que peu de liberté à l'imagination dans la composition. En pratique, plusieurs manières existent pour obtenir des effets visuels aménageant cette banalité.

1. *En réglant la dimension du sujet* — vous pouvez faire qu'un sujet domine la scène ou disparaisse dans le fond. Certains détails du premier plan peuvent prendre une grande importance ou être laissés hors champ de telle sorte que le spectateur ignore même leur existence.

2. *En réglant le cadre* — vous décidez exactement ce qui sera visible des spectateurs. Vous pouvez inclure, exclure ou souligner certains aspects de la scène.

Pour faire monter la tension, vous pouvez cadrer une prise qui montre un personnage qui avance en se dissimulant pour attraper un animal échappé. Puis vous ferez un cadre où on ne verra plus l'animal afin de créer un choc soudain quand son poursuivant bondira pour l'attraper. Même de très légères modifications du cadre peuvent modifier totalement l'équilibre d'une scène.

3. *En réglant la focale et la distance de la caméra* — vous pouvez modifier l'importance relative du sujet et du décor (p.40).

4. *En modifiant la hauteur de la caméra* — vous pouvez rendre plus fort ou plus faible un personnage, utiliser les objets du premier plan en bordure de cadre ou bien les éviter en passant au-dessus (ou au-dessous).

5. *En vous déplaçant de côté* — vous pouvez éviter qu'un objet proche en occulte un autre ou bien qu'il entre dans le champ.

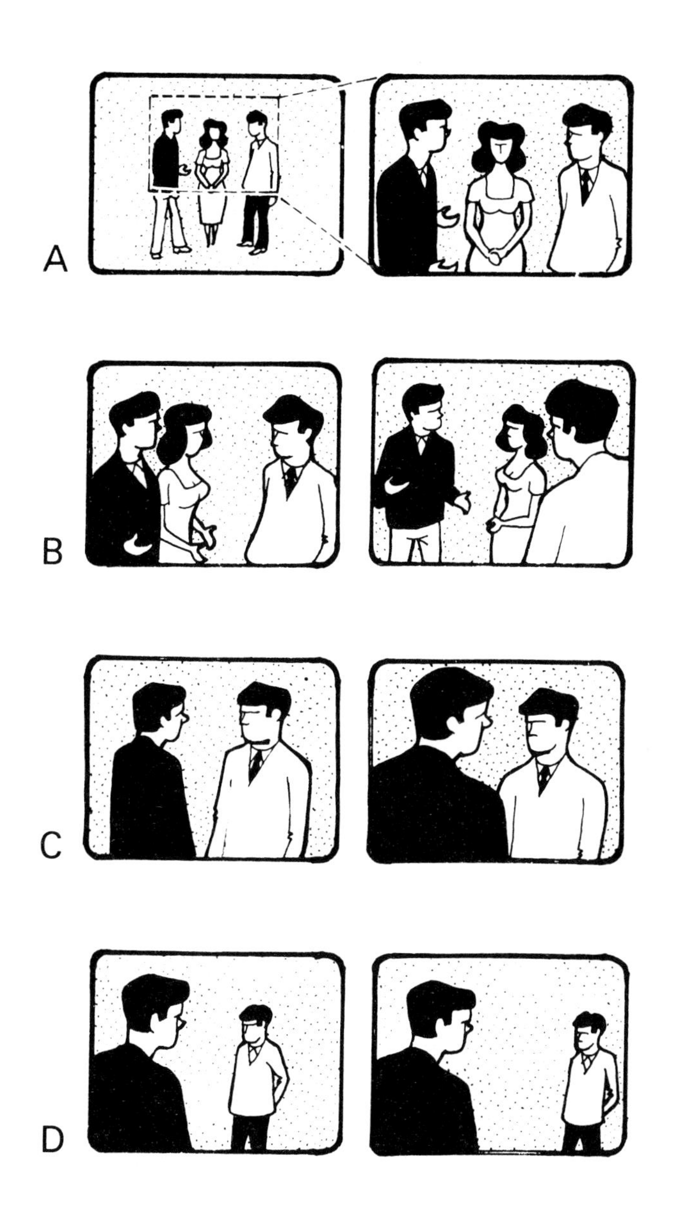

Choisir une bonne composition
A. Le choix de la dimension du plan modifie l'impact du sujet et de son entourage.
B. En changeant légèrement la position de la caméra, on peut modifier l'équilibre de l'image.
C. Le choix de l'objectif et de la distance de la caméra influe sur les proportions.
D. Un changement de point de vue peut modifier complètement notre perception du regroupement des personnages.

Le cadre

Toute prise de vue isole une partie de la scène sur laquelle elle concentre l'attention du spectateur. On peut donc mesurer l'importance réelle du cadre de l'image et l'influence considérable qu'il peut avoir sur les techniques de production et sur le travail à la caméra.

Les effets du cadre
Du fait que l'image est plate et assez petite, quelques effets étranges se produisent qui influencent notre interprétation de l'image :

1. Des sujets distants dans la réalité peuvent apparaître mêlés, par exemple, le mât d'un drapeau situé au loin peut sembler sortir de la tête de quelqu'un.
2. Les formes et les dimensions apparentes des objets peuvent varier avec la largeur de champ et la distance de la caméra.
3. La tonalité et la couleur d'une prise peuvent modifier totalement l'impact de l'image. Même une très petite tache brillante peut dominer l'image si elle est proche de la caméra, alors qu'elle peut devenir insignifiante si l'on change de focale ou d'axe de prise de vue. Tonalité et couleur peuvent devenir bien différentes suivant le fond.
4. Dans cette image plate, des sujets qui n'ont aucun rapport se retrouvent groupés dans un ensemble qui dépend du point de vue de la caméra.
5. Le cadre semble interagir avec les sujets proches en les limitant ou en les écrasant.
6. La position que vous donnez au sujet dans le cadre affecte l'équilibre de l'image — si le sujet semble « bord cadre » en haut ou sur un côté.

Cadres serrés, cadres larges
Les cadres serrés où le sujet occupe tout l'écran ont un fort impact psychologique car ils limitent et entravent le sujet.

Les cadres très larges laissant beaucoup d'espace autour du sujet, produisent une impression d'isolement, de vide, d'espace.

De l' « air » au-dessus des têtes
Si on ne laisse pas assez « d'air » entre le sommet des crânes et le bord du cadre, l'image paraît bloquée. Trop « d'air » et elle semble avoir glissé vers le bas. Un très léger mouvement de caméra peut modifier considérablement cet espace au-dessus des têtes, dont la dimension peut varier (plus le plan est serré moins il en faut) mais qui doit rester constante pour tous les plans du même type.

Le téléviseur est un cache
Afin de donner une image aussi grande que possible, les téléviseurs sont réglés de manière que l'image déborde la partie visible du tube, si quelque chose se trouve trop près du bord du cadre, on ne la verra pas. Les viseurs des caméras montrent l'*intégralité* de l'image, aussi pour les sujets importants, gardez une marge de sécurité de 10 à 15 % en bordure de cadre.

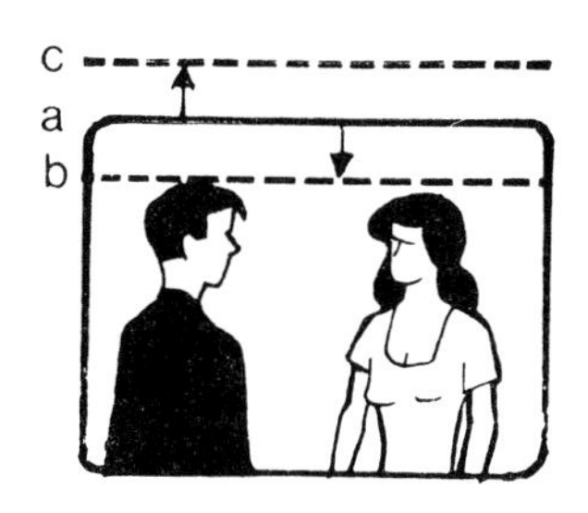

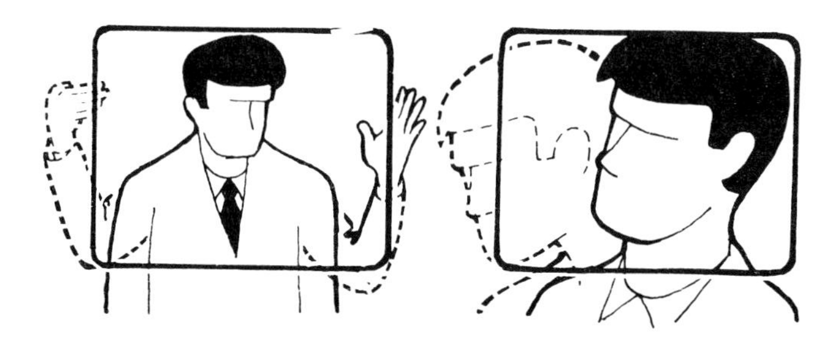

De l'air au-dessus des têtes
L'espace entre le haut des têtes et le bord supérieur du cadre doit être choisi pour obtenir un bon équilibre vertical (a). Il ne doit pas être trop grand comme en (c) ce qui donne une impression de glissement vers le bas, ni trop faible (b) ce qui donne un effet de gêne.

Marges de sécurité
Tout sujet qui se trouve en bord de cadre risque de ne pas être vu sur un écran TV. Gardez donc des marges de sécurité tant pour l'action que pour les titres.

Cadres serrés
Lors de cadrages très serrés, le sujet peut facilement sortir de l'image.

Selon la manière dont vous l'avez cadré, un plan peut changer du tout au tout.

Comment cadrer un plan

Quand vous préparez une prise, regardez bien comment ce plan réagit avec la scène, car cela peut influencer fortement l'effet de l'image.

Évitez un centrage routinier
Jetez un coup d'œil sur des photos intéressantes, des peintures ou des publicités, vous verrez que le sujet est très rarement placé au centre de l'image, qui est la zone d'intérêt le plus faible. L'œil tend à s'écarter du centre exact de l'image pour aller vers les bords, sauf si de fortes lignes de composition mènent à ce centre ou si l'œil y est contraint par une forme, un mouvement, une couleur. La plupart des sujets doivent être quelque peu décentrés, équilibrés par d'autres masses, ce qui donne une composition beaucoup plus intéressante.

Le cadrage décalé
Dans quelques cas, lorsque le sujet parle directement à la caméra, le centrage est plus efficace. Mais en général, l'image paraît plus attractive et mieux équilibrée si le personnage est légèrement tourné (par ex. trois quarts face) et le cadrage légèrement décentré. Ce décentrage augmente, en général, avec l'angle du sujet par rapport à l'axe de la caméra.

La règle du tiers
Sauf pour un effet particulier, il vaut mieux éviter de diviser l'écran en parties égales lorsqu'on compose une image. Le résultat est trop mécanique. Pour parer à cet inconvénient, de nombreux opérateurs divisent le cadre en tiers, horizontalement et verticalement et placent les sujets principaux sur ces lignes ou à leurs intersections.

Le résultat est certainement meilleur que si l'écran était divisé en deux, mais ce dispositif peut devenir un peu trop systématique.

En divisant l'écran en cinquièmes ou en huitièmes, les points de rapports 2/3 ou 3/5 peuvent donner une composition plus satisfaisante.

Cadrer des personnages
Si vous ne faites pas attention, les personnages peuvent sembler se tenir debout ou assis sur le bord du cadre. Faites bien attention à cette situation qui peut devenir ridicule. Vérifiez aussi que le cadre ne coupe pas le corps ou les membres aux niveaux des articulations (cou, genoux, coude), c'est un type de cadrage qui bloque l'attention. Arrangez-vous, au contraire pour cadrer dans des zones intermédiaires comme dans les plans classiques de la page 48.

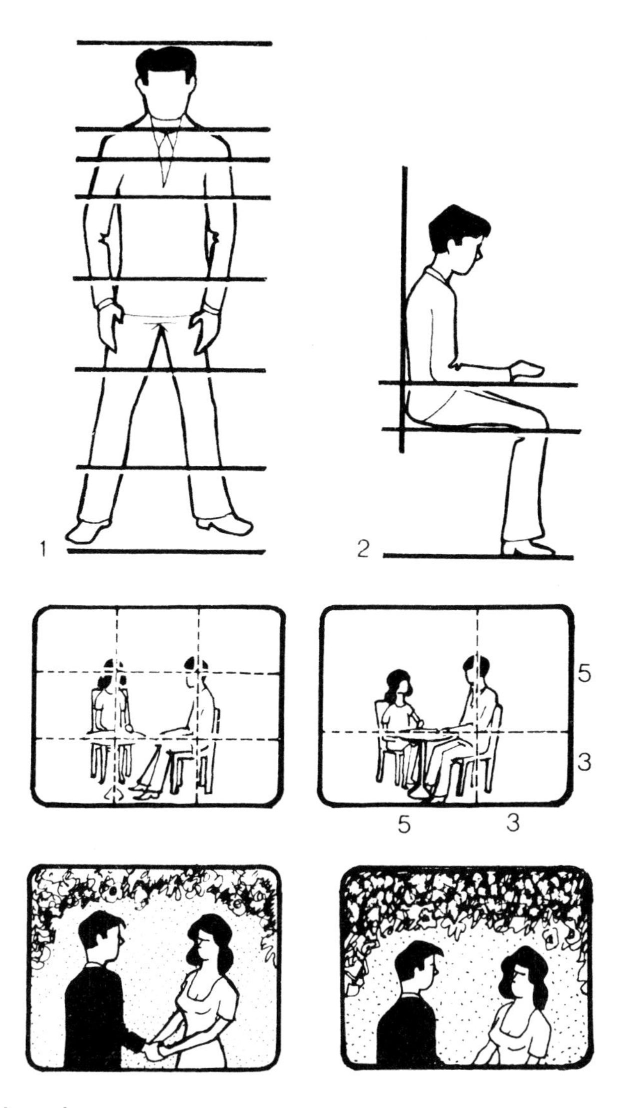

Erreurs de cadrage
(1) Évitez que le cadre ne coupe un personnage à la hauteur des articulations.
(2) Ne laissez pas un personnage toucher les bords du cadre.

Proportions
En divisant l'écran en tiers, on obtient des proportions classiques qui manquent parfois d'intérêt. En divisant l'écran en cinquièmes ou en huitièmes les points de rapports 2/3 ou 3/5 peuvent donner une composition beaucoup plus intéressante.

Cadrages équivoques
S'il prend trop de place dans l'image, on peut penser que le premier plan a une importance dramaturgique. Y aurait-il quelqu'un caché dans l'arbre ?

Un recadrage réussi est la marque de la compétence.

Le recadrage

Il faut souvent modifier le cadrage, soit parce que des gens se déplacent, soit parce que le centre d'intérêt change. Ce recadrage peut être simplement un léger mouvement vers le haut comme il peut exiger la simultanéité d'un panoramique vertical, d'un panoramique horizontal et d'un zoom — par exemple lorsque l'on serre un plan pour concentrer l'attention sur un sujet ou un groupe.

Le recadrage pendant un mouvement

Le meilleur travail de caméra est celui qui semble découler naturellement de l'action sur le plateau. Si vous modifiez un cadre sur un sujet *fixe* (qu'il s'agisse de panoramique de zoom ou de déplacement de caméra), les spectateurs en ont immédiatement conscience (une hyper conscience peut-être). Faites les mêmes modifications pendant que le sujet lui-même *bouge* (un mouvement aussi simple que tourner la tête), votre recadrage passe inaperçu, bien qu'il soit aussi efficace.

Un sujet entre dans le cadre ou le quitte

Nous en arrivons maintenant à l'un des points les plus délicats du travail au cadre. Supposons quelqu'un parlant à la caméra en gros plan qui est rejoint par une autre personne. Le réalisateur, bien souvent va commuter sur un plan plus large qui les montrera tous les deux. Ceci risque d'interrompre le flux visuel, et il peut choisir d'élargir le cadre pour laisser place au nouveau venu. L'astuce consiste à zoomer ou déplacer la caméra en maintenant la première personne en bordure de cadre. Une autre technique de recadrage est souvent utilisée à la fin d'un entretien à deux personnes. La caméra se tourne vers le dernier intervenant (en général le journaliste) pour mettre hors cadre la deuxième personne qui en profite pour quitter le lieu.

Chaque fois que quelqu'un sort d'un cadre bien composé pour deux personnages, une partie de l'image demeure vide et vous devez recadrer doucement, rapidement et avec précision dès que le sujet sort. Très rarement vous laisserez volontairement un cadre déséquilibré par le départ d'un personnage afin de rendre plus sensible, justement, ce départ.

Conserver un bon cadre

Nous avons déjà vu les risques qui existent à essayer de maintenir un plan serré d'un sujet qui se déplace rapidement ou au hasard. Même si le mouvement est prévisible (par ex. quelqu'un qui se balance dans un rocking chair), le résultat n'est pas toujours fameux. Un plan serré qui tente de suivre un mouvement est fatigant à regarder, en particulier si le sujet entre et sort du cadre. Il vaut bien mieux élargir le cadre pour suivre plus facilement ces mouvements.

Recadrer
Lorsque quelqu'un entre ou sort de l'image, vous devez normalement refaire le cadre.

Maintenir le cadre fixe
Il peut arriver que pour des raisons dramatiques on choisisse de maintenir le cadre vide pour souligner le départ.

Capter l'attention du spectateur

Plus il y a de choses à voir dans l'image, plus l'attention des spectateurs peut s'éparpiller. Bien que vous puissiez parfois les inviter à choisir à leur guise parmi ce que reçoit leur œil, vous souhaitez en général qu'ils regardent un endroit bien déterminé, qu'ils suivent l'action au lieu de s'interroger sur l'étrangeté du décor.

Il y a des moments où il ne faut pas donner trop à voir aux spectateurs. Si pendant une interview, dans la rue, ils peuvent lire les affiches, voire des enfants saluant la caméra, la circulation s'écouler... ils ont toute chance d'être distraits du sujet essentiel.

Focaliser l'intérêt
Il y a, bien sûr, plusieurs manières de convaincre les spectateurs de regarder un sujet particulier — un commentaire, un geste, une lumière accentuée. Mais le cadreur, de son côté, peut beaucoup pour diriger leur intérêt.

1. En prenant des gros plans qui excluent des objets indésirables.
2. En choisissant un fond uni ou en diminuant la profondeur de champ (mise au point différentielle) pour isoler le sujet.
3. En évitant les plans « faibles » : vues de côté ou de dos, plans éloignés.
4. Par des zooms ou des mouvements de caméra vers le sujet ou autour de lui.
5. Par l'utilisation d'une composition qui attire l'attention vers le sujet, par exemple en l'isolant, en lui donnant de l'importance, en équilibrant l'image, en trouvant une composition aux lignes convergentes.
6. En soignant le cadrage pour éviter des objets importuns.

Forcer la dose
Si vous essayez de concentrer l'attention en mettant un détail « plein cadre », vous découvririez que cette image ultra-agrandie peut perdre tout impact car la brutalité de l'intention devient trop évidente. Elle pourra aussi perdre de l'intelligibilité parce que la quantité d'informations sera abusive (comme dans une gravure). Le trait souligné peut apparaître trop important par rapport à l'ensemble du sujet (par ex. un détail très agrandi et qui devrait passer inaperçu).

Infiltrer son regard
Si vous devez cadrer à travers un feuillage, un filet, des barreaux, pour vous approcher d'un sujet, ces obstacles peuvent devenir une tache floue ou peuvent même complètement disparaître s'ils sont placés assez près de la caméra. Chaque fois que vous le pouvez, essayez cependant de les tenir hors cadre plutôt que de compter sur le flou pour faire oublier leur présence, car une tache, même totalement floue, peut dégrader la qualité de toute l'image.

Obstacles en premier plan
Plutôt que de risquer de distraire l'attention du spectateur avec un premier plan gênant tel que feuillage ou grillage, il vaut mieux s'approcher pour viser à travers. Même si vous ne parvenez pas à l'éliminer complètement, il deviendra suffisamment flou pour ne plus être gênant.

Des objets trop importants
Si des objets, au premier plan, sont trop importants, on peut obtenir des proportions plus agréables, en choisissant de viser de plus loin avec un objectif plus serré.

Cacher les objets qui dispersent l'attention
Un choix précis de la position de la caméra permet souvent de cacher derrière les personnages des objets de l'arrière plan qui risqueraient de détourner l'attention.

L'illusion de la profondeur renforce l'impression de réalisme.

La composition en profondeur

Bien que l'écran TV présente une image *plate* du monde à trois dimensions, le spectateur construit une impression de profondeur et de distance à l'aide de divers repères visuels contenus dans l'image. Il interprète inconsciemment l'espace en comparant des dimensions relatives, en faisant converger des lignes (*perspective linéaire*) en observant comment un plan en recouvre un autre (*effet de masque*) ou comment les positions relatives des objets changent quand la caméra se déplace (*effet de parallaxe*).

Une image qui donne une forte impression de profondeur est en général plus convaincante et plus attrayante. Si l'on fournit peu de repères visuels, il peut devenir très difficile de juger de l'échelle, de l'espace et des distances.

Renforcer l'impression de profondeur

Vous pouvez utiliser plusieurs moyens pour donner une plus grande sensation de profondeur et de réalisme dans l'image.

1. Essayer d'éviter que le sujet ne soit isolé sur un fond uniforme, en particulier sous une lumière diffuse provenant de la position de la caméra.
2. Si le plan contient des objets de dimensions familières (meubles, personnes) le spectateur aura une meilleure idée de l'échelle et des distances.
3. Si l'image contient des premiers plans (par ex. viser à travers un feuillage ou une fenêtre) l'impression de profondeur est renforcée.

Viser les effets naturels

Quand vous choisissez ou quand vous disposez des objets en premier plan pour améliorer la profondeur de la scène, introduisez-les aussi naturellement que possible. Si vous les placez de manière trop régulière ou trop évidente, ils peuvent attirer à eux toute l'attention. Résistez à la tentation de ne les utiliser que pour bien remplir le cadre. Vous devez, à coup sûr vous tenir éloigné d'un certain maniérisme où les sujets sont continuellement vus à travers de l'herbe, des rideaux, la fente d'une clôture... Cette technique peut être efficace quand elle est appropriée à la scène (par ex. le point de vue d'un personnage qui se cache) mais elle est souvent excessive.

Il en est de même pour le truc qui consiste à débuter une scène par un plan serré et net d'un objet sans grande importance du premier plan (par ex. une fleur) puis à faire glisser complètement le point pour qu'il devienne flou tandis que le véritable sujet devient net (par ex. une voiture au loin).

L'illusion de profondeur
Les premiers plans peuvent renforcer les sensations de profondeur, de distance et d'échelle, en particulier pour des sujets isolés et éloignés.

Utiliser les premiers plans
Lorsque la caméra vise à travers un premier plan tel qu'une fenêtre, un feuillage... celui-ci peut former un cadre naturel à l'image.

Prises de vue inadaptées

Vous pouvez voir, tous les jours à la télévision des prises de vue inadaptées. Les professionnels eux-mêmes ne sont pas infaillibles. Elles peuvent être inadaptées de plusieurs manières.

1. La caméra peut ne pas montrer le sujet clairement (trop loin ou trop près, pas sous le bon angle).
2. Elle peut ne pas nous montrer ce dont on parle.
3. La composition peut attirer l'attention sur un sujet erroné.
4. Le plan peut être dramatisé à l'excès ou avoir manqué une occasion visuelle.

Des effets de style

De même qu'on peut voir des *éclairages* plats et sans caractère qui se contentent d'illuminer la scène sans créer d'atmosphère, il y a un travail à la caméra sans caractère qui fournit des images routinières, de points de vue routiniers en utilisant le zoom pour éviter le travail (et l'habileté) de véritables mouvements de caméra.

A l'opposé, quand un opérateur a tourné une série ne comportant que des images parfaites mais totalement classiques, il a la tentation d'essayer de nouveaux cadres, plus serrés peut-être ou de trouver de nouveaux angles capables de dramatiser une situation.

Une « grande prise » peut attirer une attention disproportionnée. Elle peut suraccentuer un point particulier, créer une ambiance totalement fausse. Par exemple, si les prises de vue d'une démonstration de cuisine deviennent dramatiques, les spectateurs vont retenir leur respiration en attendant que la poêle à frire prenne feu.

Une contre-plongée en plan serré rendra le speaker imposant ou effrayant, même s'il ne fait que lire le bulletin météo ! Un cadre penché signifie instabilité ou folie ; si vous l'introduisez dans une démonstration de matériel agricole, il ne sera guère à sa place ; il ne voudra rien dire mais il va égarer le spectateur.

Le maniérisme

Un autre exemple de faux travail de cadre est donné par ces « compositions savantes » dans lesquelles un objet a été posé de manière remarquable en premier plan. Il domine l'image alors qu'il devrait demeurer anecdotique. Ce maniérisme perd rapidement toute saveur.

Un bon cadreur interprète les idées du réalisateur au lieu d'imposer les siennes. Si le réalisateur est inexpérimenté, les opérateurs découvrent vite à quel moment ils doivent suivre ses instructions, à quel moment ils doivent proposer des approches différentes. Si le réalisateur persiste à choisir des prises non conventionnelles, c'est son affaire.

Sur-dramatisation
Les prises de vues dramatiques sont intéressantes pourvu qu'on les utilise avec discernement.

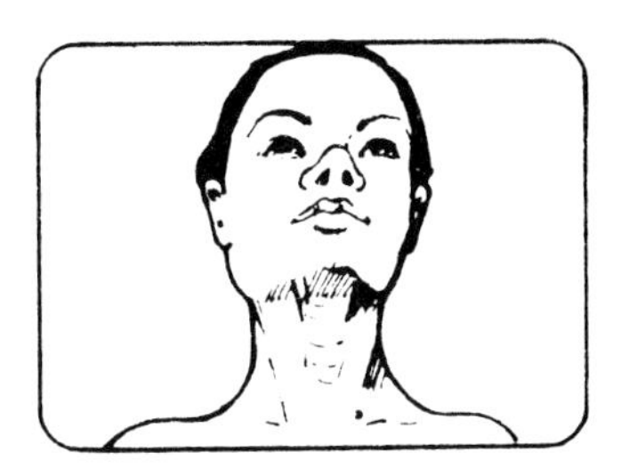

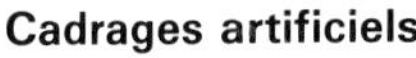

Cadrages artificiels
Des plans trop « apprêtés » peuvent paraître très faux et attirer uniquement l'attention sur l'habileté de la composition.

Prises de vue difficiles

L'opérateur de prises de vue est régulièrement confronté avec des problèmes qui doivent être résolus en une fraction de seconde. Dans certains cas, il ne peut que faire face de son mieux. Dans d'autres, il peut résoudre le problème en changeant simplement la manière de l'aborder.

Une forme inadaptée

Que faire avec une caméra dont le cadre de rapport 4/3 est horizontal si vous avez à prendre des sujets longs et hauts... ?

L'une des solutions peut être de prendre une vue générale du sujet puis de choisir des détails significatifs. Si le sujet est très grand, un plan d'ensemble montre l'allure générale mais les points importants ne sont pas clairs. Il peut être préférable de se placer à une extrémité avec un point de vue « en fuite », puis de faire un panoramique le long du sujet ou de faire une série de prises de divers segments. Tout dépend du but du plan.

Des objets, même petits, situés en premier plan, peuvent occulter un sujet lointain. La trace d'une fleur peut effacer une montagne. Si vous voulez décrire l'architecture d'un gratte-ciel, une prise de vue éloignée vous donnera très correctement son allure générale — à condition que vous puissiez reculer suffisamment sans rencontrer d'obstacle. La solution « dramatique » consiste à cadrer du pied du gratte-ciel, en contre-plongée. Le raccourcissement dû à la perspective exagérée donne une image forte mais peu informative.

Des sujets dispersés

Lorsque les sujets sont dispersés, vous pourrez avoir quelques difficultés pour les rassembler dans un plan unique. On peut illustrer cette situation avec un exemple relativement simple : deux personnages aux bouts opposés d'une longue table. Évitez des panoramiques aller et retour au-dessus de l'espace vide de la table (comme si vous teniez un tuyau d'arrosage), évitez aussi de « passer cut » des gros plans de l'un et de l'autre sans plan large précisant leurs positions relatives. Un plan oblique ou dans l'axe de la table (avec l'un des personnages en amorce) aidera le spectateur à comprendre la disposition.

Le contre-jour

Sauf pour des effets spéciaux (éblouissement, reflets, silhouettes), il vaut mieux éviter de viser vers de fortes lumières. Non seulement parce que la caméra vidéo en réduisant automatiquement l'exposition ne donnera que la silhouette du sujet, mais parce que une lumière excessive peut « marquer » le tube en laissant une tache et en dégradant la qualité des images. Un bon pare-soleil peut éviter ces inconvénients, de même qu'on peut modifier l'inclinaison de la caméra vers le haut ou le bas.

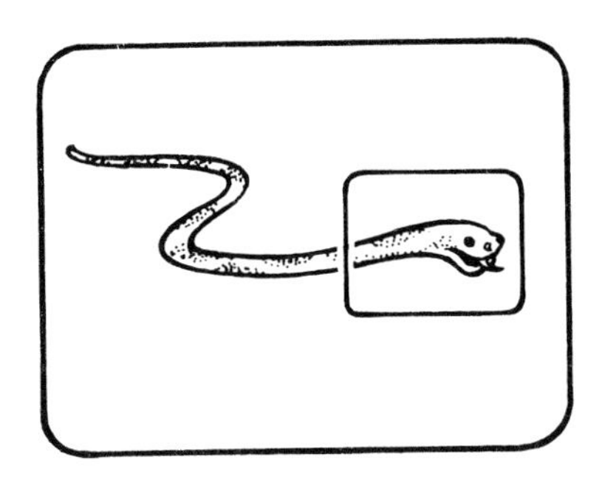

Les mauvaises formes
De nombreux sujets ne correspondent pas du tout au format 4 × 3 de l'écran. Ils sont trop longs, trop larges ou trop hauts. De tels sujets doivent être cadrés en plan général puis décomposés en segments.

Les sujets espacés
Si les sujets sont très espacés, vous pouvez, en choisissant soigneusement votre point de vue, les regrouper dans une composition agréable.

Des résultats pratiques et dramatiques rien qu'en changeant la hauteur de la caméra.

Changer la hauteur de la caméra

L'étendue des hauteurs possibles pour la monture d'une caméra dépend du type de matériel choisi. Vous aurez rarement l'occasion de réaliser une perspective vue d'en bas ou une vue de dessus, de recourir à des inclinaisons extrêmes, et la majorité des cas ne demandent que de faibles variations de hauteur.

Les pieds (p. 20)
Les pieds utilisés en studio sont de plusieurs types. Certains ont des colonnes à manivelle dont la hauteur peut être réglée entre deux prises. D'autres ont des colonnes équilibrées pneumatiquement ou hydrauliquement, dont la hauteur peut être facilement modifiée pendant une prise, à l'aide d'un volant central (qui sert aussi à diriger les roues). La gamme typique va de 0,9 à 1,8 m.

Les colonnes de ces pieds doivent être équilibrées en tenant compte du poids de la caméra, de la tête et des accessoires (le télé promptor par ex.) pour que le réglage en hauteur soit doux et aisé. Cet équilibrage s'effectue soit en changeant les contrepoids, soit en modifiant la pression du gaz. Quand cela est fait, vous pouvez lever ou baisser votre caméra très lentement avec grande précision ou rapidement avec grande intensité dramatique en ne prenant garde qu'à ne pas cogner la caméra en haut ou en bas.

Pourquoi modifier la hauteur
La hauteur de caméra que vous choisirez habituellement dépendra de l'effet que vous recherchez, naturel ou dramatique. Quand vous visez des personnages, la caméra est normalement à hauteur des yeux, c'est-à-dire entre 1,1 m et 1,8 m suivant que le sujet est assis ou debout. Pour dramatiser une situation, vous pouvez utiliser plongée ou contre-plongée, mais n'en abusez pas tous les jours.

La plateforme du pied empêche souvent de s'approcher suffisamment d'une estrade ou d'un praticable. Un pied n'a pas (contrairement aux grues) de possibilité de porte à faux, il ne peut s'approcher à moins d'un mètre du sujet.

Des effets inattendus
Lors de l'utilisation d'une grue, un effet étrange peut apparaître si dans le même temps vous changez la hauteur et basculez la caméra, tout en maintenant le sujet au centre du cadre. Le plancher semble basculer. Élevez la caméra en la piquant, le plancher semble pencher en avant. Inversement, en baissant la caméra pendant qu'on la bascule vers le haut, le plancher semble pencher en arrière. Plus la hauteur change, plus l'effet est sensible.

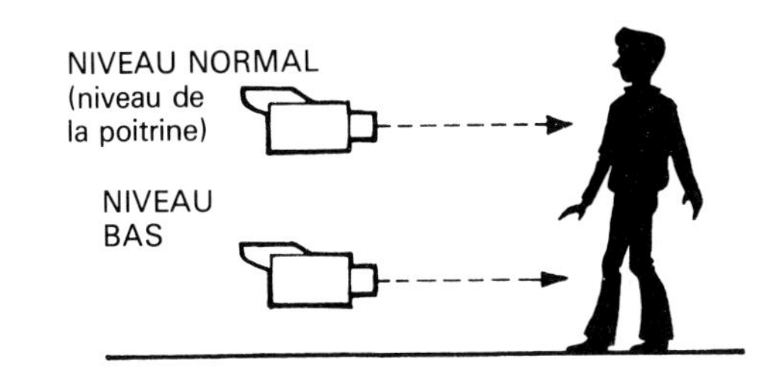

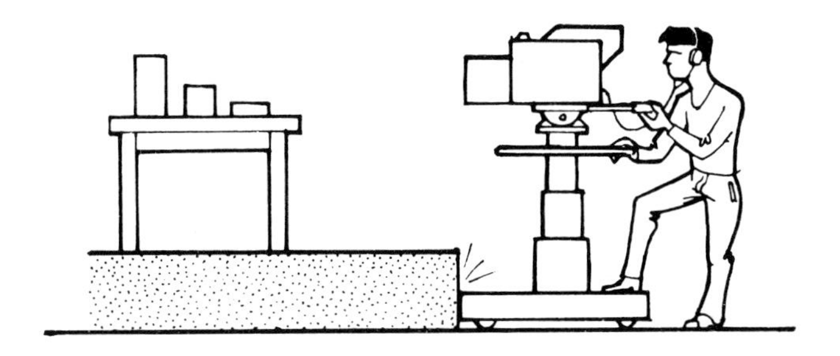

Les hauteurs de caméra

La caméra est normalement à hauteur de poitrine. Pour un sujet debout, ceci correspond à une hauteur de 1,2 m à 1,8 m. Pour une personne assise, la hauteur est de 1,1 m.

Les obstacles

Les plateformes, les marches ou des irrégularités du sol gênent le déplacement des caméras. Alors que le bras d'une grue permet de passer au-dessus de tels obstacles, un simple pied ne permettra pas, par exemple, à la caméra de se pencher sur une table.

Les plongées sont difficiles à réaliser avec un matériel simple.

Les plongées

Les plongées peuvent avoir des usages tant pratiques qu'artistiques. Pris d'en haut, un sujet apparaît faible, inférieur, sans importance. Ce point de vue permet aussi à la caméra « d'échapper » des éléments qui sans cela empêcheraient la prise.

Le travail avec une caméra en hauteur
Le meilleur moyen pour obtenir une plongée avec une caméra tenue à la main, est de se déplacer jusqu'à un point mieux situé en altitude. Tenir la caméra au-dessus de votre tête représente un effort physique important et produit des images tremblantes. C'est une technique de secours à n'utiliser que s'il n'y a aucune autre solution.

Un bon support de caméra (trépied ou pied de studio) tiendra bien la caméra, quelle que soit la hauteur ; mais il pourra vous être difficile de cadrer ou de regarder dans le viseur. En général il n'est guère pratique d'utiliser des *pieds* au maximum de leur hauteur, car vous avez à atteindre des réglages prévus pour être utilisés à des hauteurs normales. Même si le viseur est bien protégé contre la lumière incidente et si on peut facilement le tourner vers le bas, vous pouvez vous retrouver face à des lumières éblouissantes qui rendent le viseur bien difficile à regarder.

Si le pied est fixe, vous pouvez vous installer sur sa base, sur une caisse, un escabeau. Si le pied doit se déplacer pour suivre l'action, il vous faudra de toute façon un assistant pour le pousser.

Une *grue* peut prendre des vues à n'importe quelle hauteur, dans sa gamme de possibilités. A pleine hauteur, cependant les projecteurs et les éléments de décor présentent des risques.

Les problèmes des plongées
Plus vous élevez le point de vue de la caméra, plus le plancher devient visible. Comme l'œil humain a l'habitude, placé à une hauteur normale de caméra, de voir un espace dégagé, le plancher semblera disproportionné, spécialement en intérieur. Dans de nombreux cas, une plongée est moins intéressante qu'une prise classique.

Si la caméra est élevée et proche du sujet, il deviendra difficile d'éviter son ombre.

Enfin, souvenez-vous qu'un point de vue élevé désavantage les personnages.

Les prises de vues d'au-dessus affaiblissent le sujet mais éclairent le déroulement de l'action. On peut les réaliser soit en plaçant la caméra en hauteur (tour, plateforme) soit en utilisant un miroir.

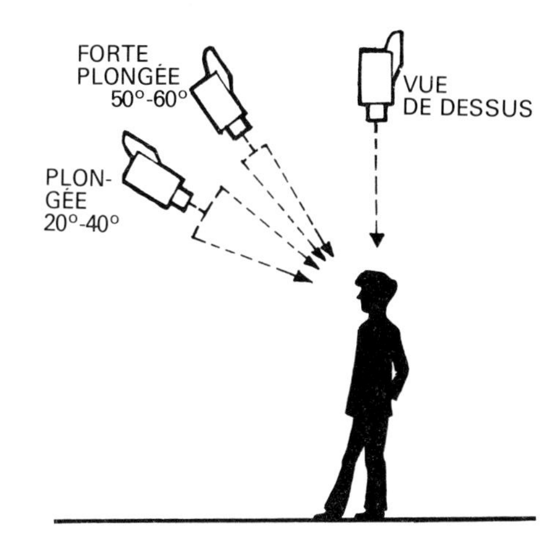

Les effets d'un changement de hauteur
Lorsque la caméra s'élève, le plancher prend de l'importance et le spectateur se sent moins impliqué dans l'action.

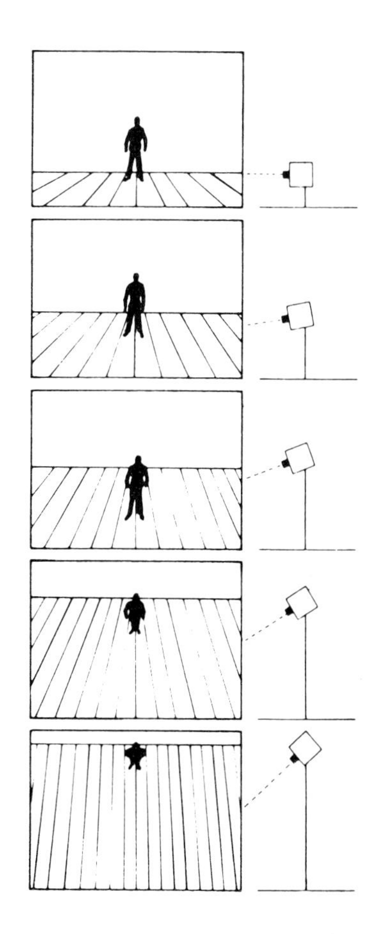

Souvent délicates, mais d'une grande intensité dramatique.

Les prises de vue d'en bas

Quand vous visez un sujet petit ou qui est situé en-dessous de votre caméra, vous devez inévitablement viser vers le bas. Le résultat peut paraître naturel, mais cela peut introduire un effet de dramatisation involontaire. S'il en est ainsi vous devez soit élever le sujet au niveau de la caméra (le mettre sur une table par exemple) soit baisser la caméra au niveau du sujet.

En cadrant le long du sol, d'un point de vue très bas (prise au sol) vous obtiendrez des images beaucoup plus frappantes, d'un sujet bas, que si vous aviez cadré en inclinant une caméra à hauteur normale. Avant de choisir un tel plan, posez-vous la question de savoir si ce point de vue « de chien » ne risque pas de sembler étrange ou inapproprié dans le contexte de programme.

Les effets d'une contre-plongée

Bien que la plupart des sujets deviennent plus importants et plus impressionnants quand ils sont cadrés d'en-dessous, prenez garde au fait que certains sujets peuvent prendre une allure très étrange quand ils sont cadrés de cette manière ! Vu d'en bas, l'environnement peut dominer et noyer un sujet.

Les prises de vue d'en bas de personnages tendent à les rendre imposants, effrayants, puissants, si bien que les actions les plus simples — un regard, un mouvement de bras — peuvent prendre une signification particulière. Si vous utilisez un grand angle, cet effet est encore exagéré. Aussi, d'un point de vue artistique, n'utilisez la caméra basse qu'avec précaution.

Les problèmes de mise en œuvre

Même si la caméra ne doit pas se déplacer, il peut devenir fatigant de l'utiliser baissé ou à genoux pendant longtemps. Il peut être difficile de voir correctement le viseur et de maintenir un bon cadre, surtout si des lumières s'y reflètent. Les prises de vue basses risquent aussi d'être perturbées par des meubles (chaises, tables, tabourets).

Si le support de caméra ne peut se baisser assez pour la prise que vous désirez, pensez à utiliser un miroir ou un dispositif périscopique. Si la caméra doit se déplacer, un support bas spécial devient nécessaire. Sa hauteur pourra varier de 10 à 30 cm. Pour une caméra à la main, un simple bout de planche peut vous servir pour réaliser une telle prise.

Les contre-plongées peuvent être obtenues en baissant la caméra, en élevant le sujet ou en utilisant un miroir.

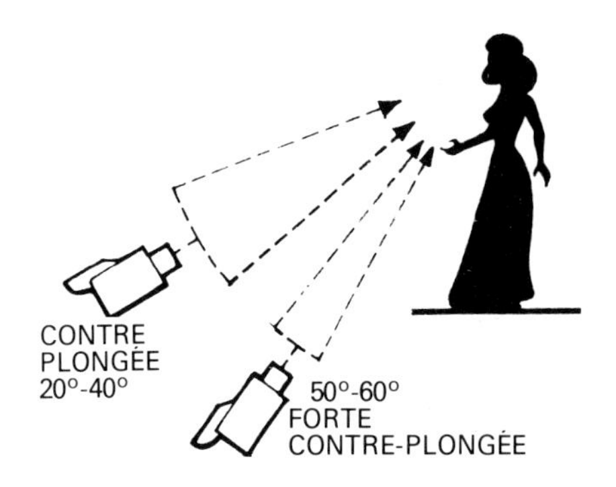

Impact d'une contre-plongée
Les contre-plongées font apparaître la plupart des sujets plus forts et plus imposants.

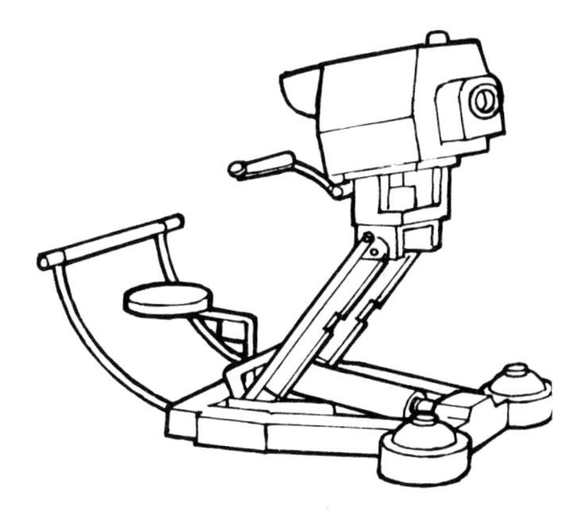

Dollys spéciales
On a construit des dollys spéciales pour les prises de vues pour lesquelles la caméra doit se trouver à un faible niveau.

Il faut être bien adroit pour pousser le pied d'une main, faire le point de l'autre, régler la hauteur de la caméra, maintenir une bonne composition de l'image, tout en évitant de heurter quelque chose !

Faire rouler la caméra

Le cheminement

Le dispositif roulant sur lequel se trouve la caméra peut se déplacer en ligne droite, mais il peut aussi décrire une courbe, par exemple faire un arc de cercle autour du sujet. Lorsque les mouvements doivent être très précis, il faut marquer le cheminement sur le plancher, ou, tout au moins, repérer au crayon sur le sol, de place en place les passages critiques.

Les effets des déplacements

Contrairement au zoom qui n'a pour effet que d'élargir ou resserrer l'image, les déplacements de caméra nous introduisent à l'intérieur de l'action, nous font circuler entre les objets. Ils rendent sensibles les interactions entre les différents plans que dépasse la caméra et créent une forte impression de profondeur et d'espace.

La mise au point

Vous avez fait le point pour une certaine distance, il faudra bien sûr l'ajuster lorsque vous vous approcherez ou lorsque vous vous éloignerez. Cet ajustement sera plus ou moins critique selon la profondeur de champ qui variera progressivement avec la distance.

Vous devrez tourner la bague de distance dans un sens ou dans l'autre pour rattraper le point en avant ou en arrière. La facilité avec laquelle vous pourrez faire ce réglage tout en poussant la caméra dépendra du type de réglage et de l'importance de la correction à apporter. Certains opérateurs suivent le point d'une manière continue, d'autres ne refont le point, doucement que lorsque, dans leur viseur, le sujet commence à devenir flou. (En effet, les viseurs à haute définition font apparaître les défauts bien avant qu'ils ne deviennent visibles sur un écran TV).

L'état de surface du plancher

Le plancher d'un plateau de télévision est, normalement, recouvert d'un revêtement permettant à la caméra de rouler doucement sans provoquer de sauts de l'image. En extérieurs, si les irrégularités du plancher risquent de poser problème, la caméra devra rester fixe et compter sur le zoom pour simuler des mouvements (en se déplaçant entre les prises pour changer de point de vue). On utilise parfois des chariots à roues pneumatiques (au lieu des roulettes avec bandage en caoutchouc plein) pour des mouvements limités. Il faudra parfois en venir à utiliser des rails, si le sol est par trop inégal.

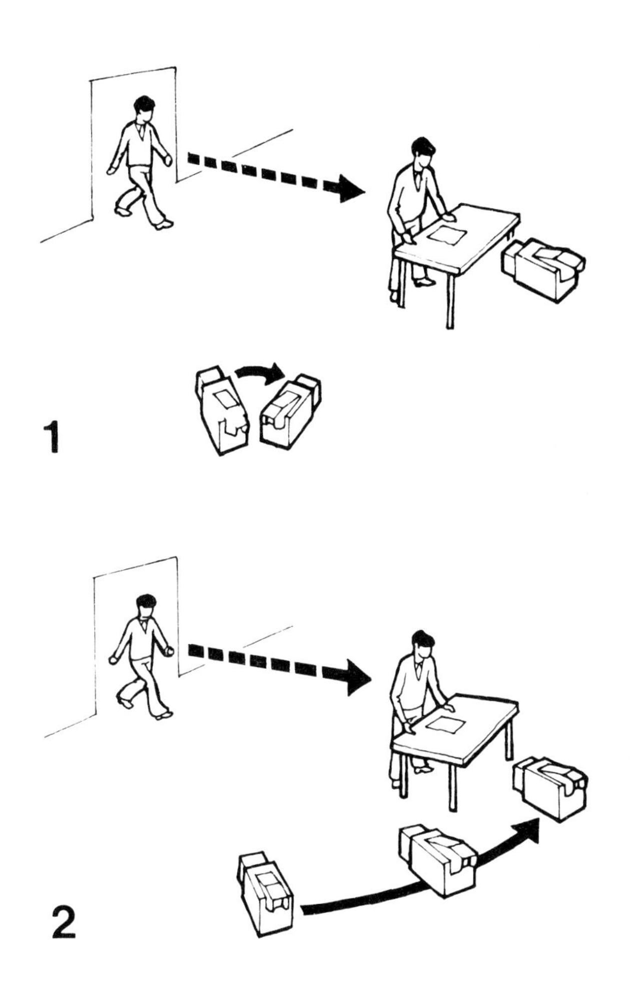

Des points de vue fixes ou mobiles
Lorsque la caméra panoramique à partir d'une position fixe, c'est comme si le spectateur tournait la tête pour suivre l'action. Le réalisateur coupe ensuite pour qu'on puisse regarder la suite de l'action.
Si la caméra se déplace, c'est comme si le spectateur changeait de point de vue en se déplaçant d'un mouvement régulier vers une nouvelle position.

Des effets intéressants qui demandent une grande précision.

Les travellings

Bien que ce soit assez simple, en principe, il faut être bien expérimenté pour réussir un travelling en arc de cercle précis et doux.

Les travellings linéaires

Lorsqu'une caméra se déplace en ligne droite au milieu d'une scène, les sujets situés à diverses distances semblent passer l'un derrière l'autre (rapidement dans le fond et puis plus doucement lorsque la distance diminue). Ce déplacement crée une forte impression de profondeur, surtout si la scène comporte de nombreux éléments verticaux (poteaux, colonnes, arbres...).

Un travelling latéral, suivant un sujet en mouvement, produit une forte impression de vitesse due au défilement des détails du fond.

Sur certains types de chariots de travelling, ce déplacement latéral est obtenu en faisant tourner l'ensemble des roues simultanément (comme sur les pieds de studio p. 20). Si deux roues seulement sont orientables (comme sur les grues), on fait déplacer le chariot droit dans l'axe, la caméra étant tournée sur le côté.

Les travellings circulaires

Il y a deux raisons classiques de faire déplacer la caméra en suivant un cercle serré autour d'un sujet.

1. Pour corriger la composition d'une image dans laquelle un sujet en masque en partie un autre, par exemple un plan avec amorce.

2. Pour présenter le sujet sous divers points de vue : par exemple, la caméra tourne autour d'une statue dont on analyse les divers aspects, un artisan parle de son travail pendant que la caméra tourne pour en montrer plusieurs phases.

Les problèmes de mise en œuvre

Certaines montures se déplacent latéralement plus facilement que d'autres. Un trépied à roulettes (difficile à faire rouler en douceur) ne le fera que d'une manière très approximative. Un pied de studio, lourd à tirer ou à pousser deviendra vite fatigant sur une certaine distance. L'aide d'un machiniste peut être nécessaire si l'on veut que le cadreur puisse se concentrer sur le point et le cadre. Si le pied fonctionne entièrement levé ou baissé, cette assistance est indispensable.

Les supports plus importants, comme les grues, nécessitent, selon leurs dimensions, espace et temps pour être mises en position. Des arcs de cercle très serrés peuvent être impossibles avec certains types de supports.

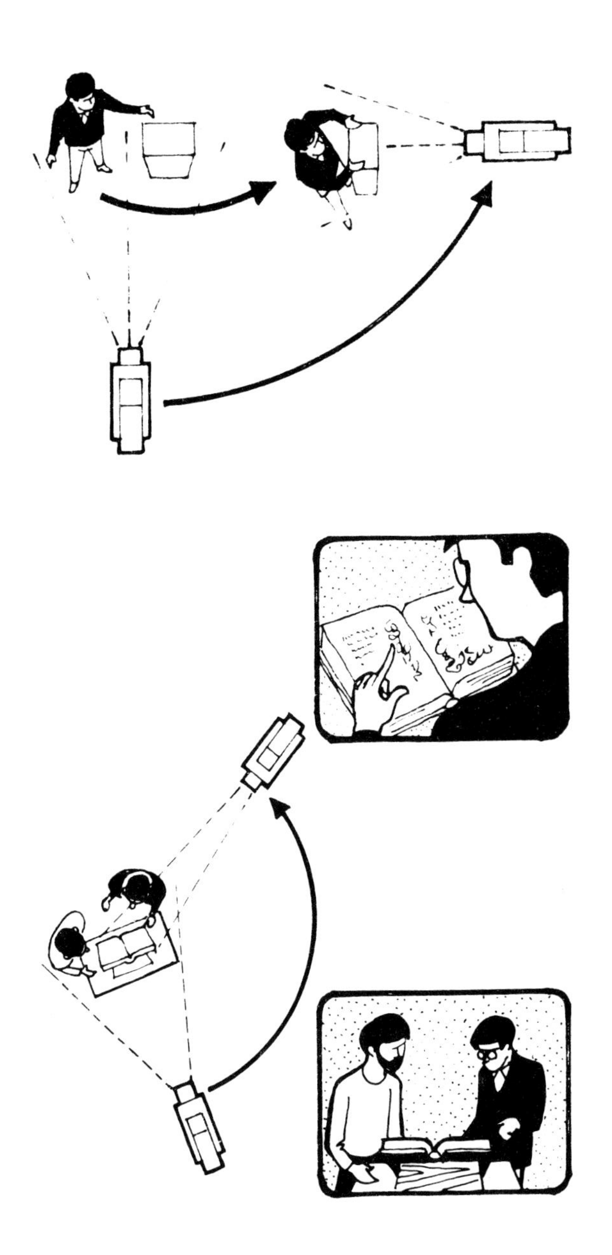

Le sujet se déplace
La caméra tourne autour d'un personnage qui change de position.
La vitesse de déplacement de la caméra dépend de celle du sujet.

Le sujet est immobile
Ici, après un dialogue introductif, la caméra tourne pour voir dans de meilleures conditions le sujet. La vitesse de déplacement dépend du rythme du programme.

Plus le traitement d'un plan est compliqué, plus les catastrophes risquent d'arriver.

Le plan séquence

Dans un *plan séquence,* la caméra explore la scène en se déplaçant d'un sujet à l'autre ou d'un point de vue au suivant. A l'intérieur de ce flux continu d'images, elle construit une illusion d'espace.

Le plan séquence peut être utilisé pour différentes raisons. La caméra peut, comme si elle le découvrait, nous montrer où nous sommes, révéler lentement des détails. Elle peut nous introduire progressivement à l'intérieur d'une situation, comparer une série de sujets ou nous indiquer les liens qui existent entre eux.

Ce type de plan est souvent utilisé quand l'atmosphère est solennelle ou romantique. Le rythme des mouvements de caméra est habituellement lent pour ces plans censés faire monter la tension ou l'intérêt.

L'utilisation du plan séquence évite les ruptures visuelles qui surviennent aux raccords entre différents points de vue. Le spectateur se sent plus concerné par l'action au lieu de n'être qu'un observateur d'une série de fragments plus ou moins bien assemblés.

La mécanique du plan séquence

Le plan séquence peut entraîner pour la caméra des opérations risquées qui doivent être parfaitement contrôlées. Pendant que la caméra se déplace, l'image évolue continuellement, le cadrage et la mise au point doivent être doucement corrigés. La caméra ne doit pas seulement se déplacer avec précision, elle doit aussi savoir éviter tous les obstacles potentiels. La distance au sujet et la profondeur de champ seront certainement variables, il faut donc choisir avec soin la distance focale pour simplifier le mouvement.

Les plans séquence doivent être convaincants et discrets. Toute hésitation, tout manque de coordination dans les mouvements, toute erreur de point, attire l'attention sur les dessous de cette belle mécanique.

Certains opérateurs préfèrent utiliser un grand angle pour les plans séquence : les mouvements sont plus simples et la profondeur de champ plus grande. Dans ces conditions, la caméra doit travailler plus près du sujet (si on ne veut pas qu'il apparaisse trop lointain) des problèmes de distorsion et d'ombres peuvent alors exister. Bien sûr, vous éviterez le téléobjectif trop difficile à manier dans ces conditions.

Souvenez-vous que, si vous devez faire un zoom avant sur un détail pendant un plan séquence, vous aurez rarement l'occasion de préparer votre mise au point avant de faire votre gros plan.

Enfin, essayez de conserver le même type de mouvement pendant toute la prise, tout changement risquant de perturber l'image.

Faire varier le point de vue
La caméra change de points de vue au cours d'un mouvement d'exploration de la scène dont elle montre les divers aspects.

Les principes en sont assez évidents. Les ennuis commencent au moment d'y aller.

Les mouvements de caméra

On peut déplacer une caméra à des vitesses bien différentes. Vous pouvez glisser imperceptiblement ou filer à travers le studio. La réussite, la douceur et la précision du mouvement dépendront du chariot et de votre habileté.

Les supports de caméra légers
Si le support est très léger (par ex. un fragile trépied à roulettes), on pourra difficilement éviter des balancements et des trépidations de l'image pendant le mouvement, en particulier si la caméra est beaucoup plus haute ou plus basse que les yeux et si vous tentez de la déplacer à bout de bras.

Les supports lourds
Un pied lourd est relativement plus difficile à mettre en route et à arrêter. Prenez garde à ne pas vous donner un tour de reins (ou à en blesser d'autres) et à ne pas abimer meubles ou murs... etc... Une légère pression du pied à la base peut aider au démarrage.

Certains opérateurs préfèrent travailler en ayant le manche de gauche relevé à 90° à partir de son articulation centrale plutôt que de l'avoir horizontal. Ils peuvent ainsi pousser le pied avec moins de contrainte et mieux le contrôler, les doigts de la main gauche sur la commande de zoom et la main droite sur la molette de mise au point (sur le côté de la caméra ou sur la poignée de droite). Il est ainsi plus facile de manier la caméra lors de panoramiques verticaux à forte inclinaison.

Les points à surveiller
Sauf si vous recherchez une image instable pour un effet dramaturgique (par exemple pour simuler un homme bousculé par la foule), contrôlez parfaitement tous vos mouvements. Rendez-les doux, volontaires et discrets.

Pendant un mouvement, qu'il s'agisse de la caméra ou du sujet, vérifiez en permanence le point pour obtenir la meilleure netteté. Évitez d'avoir à faire de brutales corrections lorsque le sujet sort des limites de netteté. Si la caméra et le sujet se déplacent en même temps, le rattrapage de point est, bien entendu plus délicat.

La vitesse de déplacement de la caméra doit correspondre au projet artistique. Un mouvement lent peut augmenter l'intérêt du spectateur. Il convient donc mieux à des variations douces et discrètes dans des situations graves ou mélancoliques. Mais ces mouvements lents peuvent aussi devenir pénibles ou ennuyeux, frustrants même s'ils prennent trop de temps pour exposer une situation. Un mouvement rapide peut être dramatique ou excitant, il peut être une course amusante entre deux points avec rattrapage de point risqué à l'arrivée.

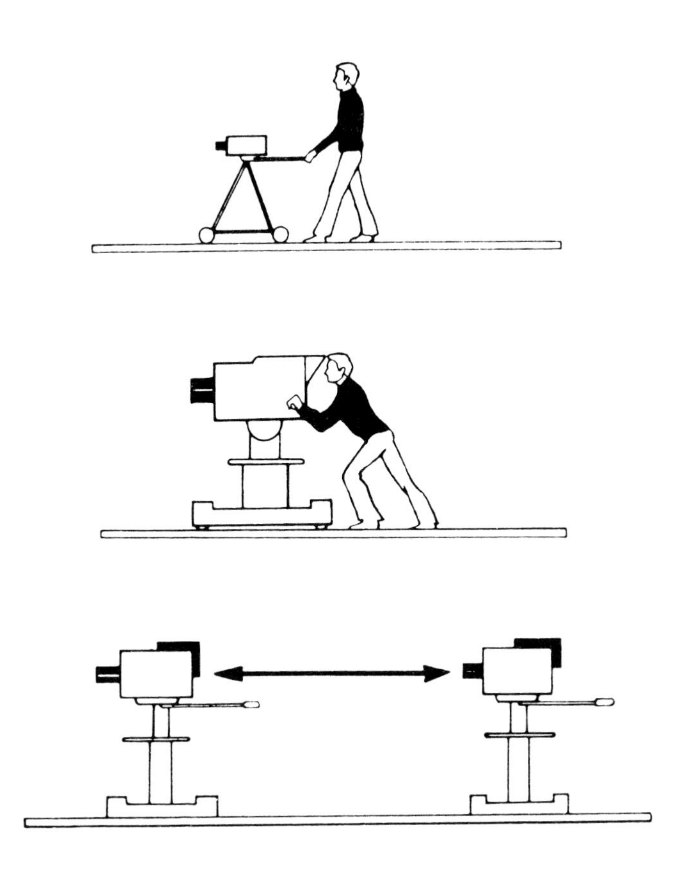

Les supports légers
Les supports légers sont si facilement déplaçables qu'il est souvent difficile de les faire rouler doucement et avec précision. Ils s'écartent facilement de la ligne droite, vibrent et font sauter l'image.
Si le pied est léger et la caméra élevée, il vaut mieux éviter de le déplacer pendant une prise.

Les supports lourds
Les grosses caméras de studio, montées sur pieds à colonne deviennent fatigantes à manipuler. Il faut faire un véritable effort pour les mettre en mouvement et pour les arrêter. Faites attention !

Des mouvements doux
Tous les mouvements de caméra devraient être doux et parfaitement contrôlés. Il est trop facile de produire une secousse au moment du démarrage ou de l'arrêt.

Il faut savoir anticiper pour réussir à suivre un sujet.

Suivre un sujet qui se déplace

Il y a plusieurs manières pour tourner un sujet qui se déplace, elles dépendent de la situation :

1. Laisser le cadre complètement fixe et laisser le sujet se déplacer à l'intérieur.
2. Faire comme ci-dessus, mais en élargissant au zoom pour éviter que l'action ne sorte du cadre.
3. Panoramiquer pour suivre l'action, la caméra étant fixe.
4. Faire rouler la caméra pour suivre l'action.

Sauf si vous visez un sujet complètement statique (par ex. un carton), vous aurez fréquemment à débloquer la tête, tant en horizontal qu'en vertical. Un sujet peut se mettre à bouger sans crier gare (et sortir du cadre) mais il faut que la tête soit ensuite rebloquée pour éviter des tressautements de l'image.

Cadrer

Si vous faites un panoramique ou si vous déplacez la caméra pour suivre un personnage, essayez de le maintenir légèrement décentré, juste en arrière de la ligne médiane du cadre, durant toute la prise. Plus le sujet se déplace vite, plus le décentrage sera important.

Il arrive parfois qu'un réalisateur préfère laisser le personnage sortir du cadre et coupe pour le reprendre d'un autre point de vue (soit qu'il s'agisse d'une seconde caméra, soit qu'on change la position de la caméra et qu'on recommence l'action). On peut utiliser cette technique pour monter une action intermédiaire secondaire.

Anticiper

Il faut parfois effectuer plusieurs tours de la commande de mise au point pour passer de l'infini à la plus courte distance possible. Le réglage peut aussi être plus rapide et ne nécessiter qu'un seul tour. Le type de commande existant sur votre caméra, affectera vos possibilités de rattraper le point.

Soyez toujours préparés à voir le sujet se déplacer. Soyez attentifs à la fin des phrases et aux mouvements du corps qui indiquent que quelqu'un va se lever, se pencher en arrière, s'asseoir ou se baisser, vous serez alors prêts à l'accompagner doucement et discrètement, sans cela, vous risquez d'être pris de court et d'avoir à courir après un bon cadre.

Les mouvements en plans très serrés

En plan d'ensemble, un sujet peut se déplacer beaucoup sans sortir du cadre. Si la prise devient plus serrée, il est plus difficile de suivre l'action et de maintenir le point (p. 58). Faut-il choisir les dimensions du cadre pour contenir les mouvements du sujet ou limiter ces déplacements pour qu'ils restent dans le cadre ? Cela dépendra des situations.

Une couverture limitée
Si le plan devient plus serré, vous ne pourrez plus couvrir que des mouvements de faible amplitude.

Anticiper le mouvement
Même des acteurs expérimentés changent de position de manière inattendue et sortent du cadre.

Cadrer des graphiques

Les graphiques sont d'utilisation régulière en vidéo, que ce soit des titres, des tableaux, des cartes, des diagrammes, etc. Ils sont posés sur un chevalet, un pupitre ou fixés sur un plateau horizontal. Montés, en général sur un carton noir rigide, ils vont de 30 × 23 cm à 61 × 46 cm.

Ne pensez pas que ces prises de vue soient plus simples et qu'il suffise de viser et de déclencher. Un très beau graphique peut facilement devenir à l'écran mou, déformé, penché et couvert de taches d'ombre ou de lumière qui le rendent illisible.

Bien aligner graphique et caméra

Soyez sûr que l'*axe optique* de l'objectif est perpendiculaire au graphique en son centre. Vérifiez que le graphique est *de niveau* et qu'il ne penche ni en avant ni en arrière.

Vérifiez que vous êtes bien cadrés. Faut-il prendre le graphique entier, ou une partie seulement ? S'il s'agit d'un carton pour un titre, celui-ci doit-il se trouver en *haut, au centre ou en bas* de l'image ? Ce n'est pas toujours évident. Ce titre doit-il être mélangé avec la prise d'une autre caméra ? (par exemple, une caméra vise une carte pendant que les noms des villes sont ajoutés, en mélange à partir d'une autre caméra).

Soyez sûr d'être assez près pour qu'on puisse voir clairement tous les détails mais pas trop pour éviter qu'une partie de l'information en bordure de cadre ne soit « mangée » par le téléviseur. Conservez une marge de sécurité autour des titres.

Si le graphique est sur fond noir, l'ingénieur de la vision, en général, descend *le niveau du noir* (1) afin que ce fond soit effectivement bien noir à la diffusion, auparavant, il peut au contraire vous aider à cadrer avec précision en augmentant le *niveau vidéo* (1) (pour éclaircir les noirs).

Les problèmes d'éclairage

Des réflexions ou des brillances peuvent occulter une partie d'une photo glacée ou d'un graphique. Il suffit parfois d'un très léger déplacement du carton ou d'un réglage en hauteur de la caméra pour régler le problème. Sinon, il faudra mater avec une bombe anti-reflet.

Si vous devez vous déplacer en panoramiquant dans un graphique en plan serré, il vaut mieux utiliser le zoom que vous rapprocher, mais vous aurez à faire un choix entre distance et grand angle qui assure le meilleur compromis entre le risque d'ombres portées et des difficultés de maniement de la caméra.

(1) Se reporter à « Vidéo, principes et techniques », Éditions Dujarric.

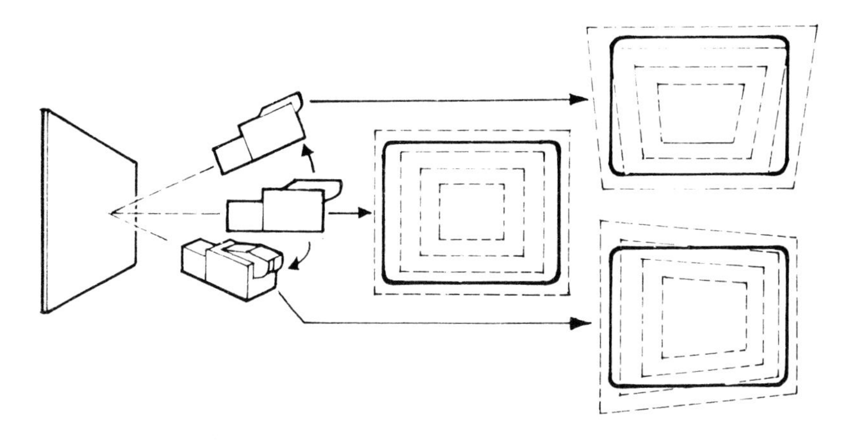

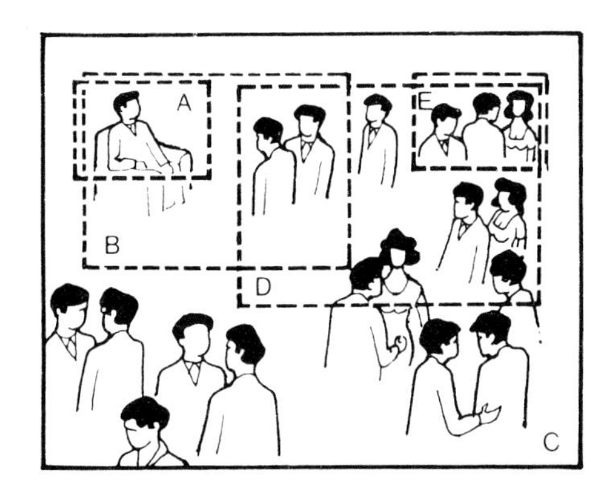

Les positions du titre
Le titre peut être situé en différents endroits de l'image.

L'enregistrement de graphiques
Les graphiques apparaissent distordus si on ne les cadre pas strictement dans l'axe.

L'exploration d'un graphique
La caméra peut parfois produire une pseudo animation d'un graphique en choisissant différents éléments, en faisant des zooms...

Comment s'en sortir avec le plus important des sujets vidéo.

Les prises de vue de personnages

La plupart des productions concernent avant tout des personnages. Il n'est alors pas surprenant que les prises de vue de personnages soient un élément essentiel du travail à la caméra.

Prises de vue à un seul personnage (p. 50)
Le cadrage que vous utiliserez pour une seule personne dépendra de la manière dont celle-ci parlera.

1. Directement à la caméra : une vue centrée, de face.
2. A une autre personne hors cadre : soit une vue trois quarts face décentrée, soit une vue de côté, légèrement décentrée.

Prises de vue à deux personnages
Si les deux personnes sont trop éloignées, vous pouvez souvent améliorer la composition et réduire l'espace qui les sépare en vous plaçant légèrement de côté. Vous pouvez aussi améliorer les proportions en jouant sur la focale et en modifiant la distance de la caméra, ce qui permet d'ajuster les dimensions respectives des sujets.

Les groupes
Il y a plusieurs manières de cadrer un groupe de gens.

1. *Tournage à une seule caméra :* (a) Une seule caméra prend l'action en continuité ; elle tourne pour choisir de nouvelles positions, avec zooms et panoramiques d'une personne à l'autre, aussi discrètement que possible (comme si vous tourniez la tête), évitez les panoramiques rapides dont l'effet est perturbateur. (b) La caméra marque des pauses pour choisir des points de vue variés, soit que l'on sélectionne des morceaux de l'action, soit que celle-ci ait été spécialement découpée en séquences séparées.
2. *Production multi-caméras :* dans ce cas, le réalisateur dirige un groupe de caméras. Il peut choisir entre divers points de vue statiques, ou demander aux caméras de se déplacer quand elles ne sont pas en « final ».

Pour éviter que plusieurs caméras ne fassent le même plan lors d'une prise impromptue qui n'a pu être répétée, on peut disposer un petit moniteur pour que les cadreurs puissent voir le plan choisi.

La règle des 180°
Si le point de vue change de manière inattendue, le spectateur peut se trouver complètement dérouté. Par exemple, vous tournez deux personnes en conversation, imaginez une ligne qui coupe le plancher entre elles. Si, *pendant la prise,* la caméra se déplace et franchit cette ligne, le spectateur peut suivre le changement de point de vue. Mais si vous *commutez* entre deux caméras situées de part et d'autre de cette ligne, les sujets qui sont respectivement à droite et à gauche inversent leurs positions ! Les différentes positions de caméra doivent donc être choisies avec soin pour éviter de « *traverser la ligne* » et de désorienter le spectateur. C'est la règle des 180°.

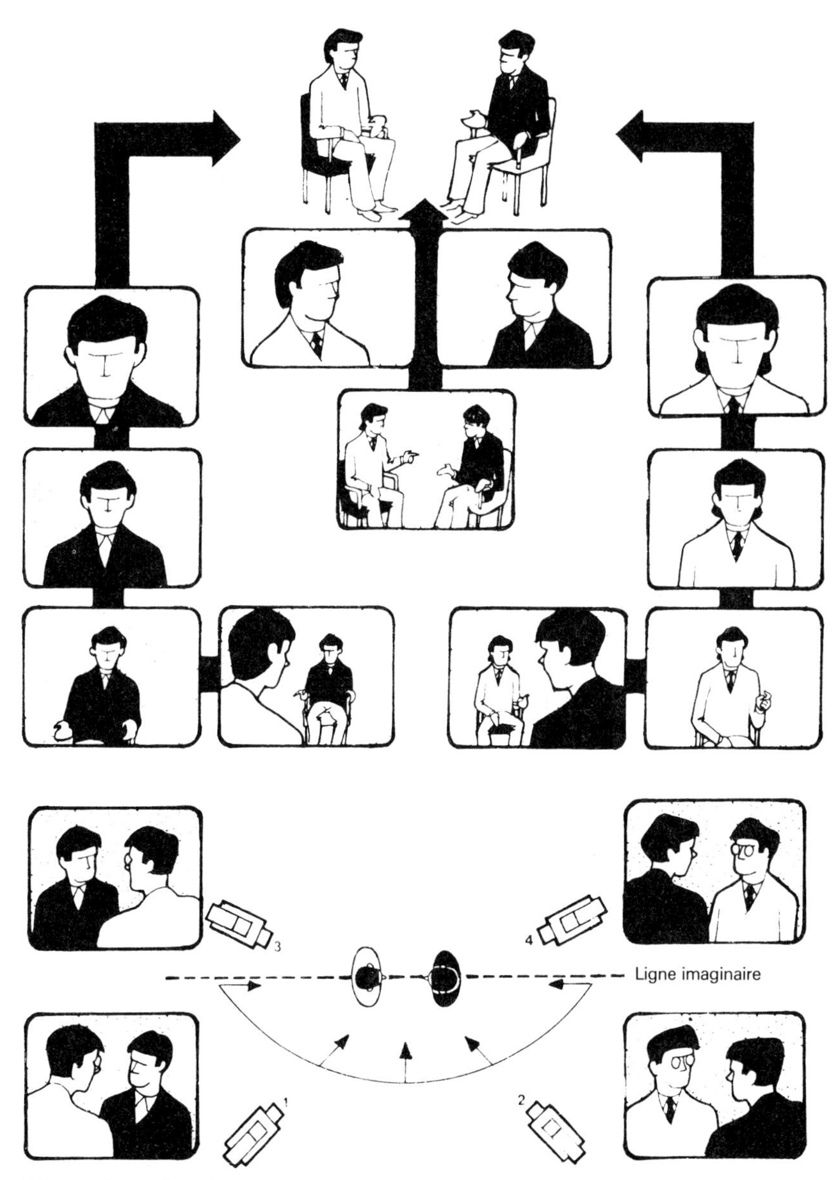

L'interview classique
Il existe une gamme de plans standards utilisés pour la plupart des interviews.

Une ligne imaginaire
On peut commuter en final entre deux caméras situées du même côté d'une ligne imaginaire joignant deux personnes (1 et 2 ou 3 et 4). La commutation entre deux caméras situées de part et d'autre de cette ligne (1 et 3, 2 et 3, 1 et 4 ou 2 et 4) provoque une saute de position des interlocuteurs dans l'image. C'est la règle des 180°.
Il n'y a pas de problème lors d'un mouvement qui traverse cette ligne.

Les démonstrations manuelles, qu'elles soient commerciales, artisanales ou scientifiques, posent problèmes à l'opérateur.

Tourner des démonstrations

Les démonstrations servent à expliquer comment des objets sont utilisés, comment ils fonctionnent, comment ils sont fabriqués. Le travail de l'opérateur est souvent très exigeant, en particulier lorsqu'il faut montrer avec précision des détails.

L'organisation des gros plans

La plupart des démonstrations nécessitent un grand nombre de plans serrés. Comme vous le pensez bien, la profondeur de champ sera le problème essentiel. Pour de très gros plans (des objets de la taille d'un œuf remplissant l'écran) la profondeur de champ sera si faible que vous ne pourrez avoir le point que sur une partie de l'objet. Vous n'aurez pas la possibilité de fermer le diaphragme, sauf si vous pouvez utiliser un éclairage très puissant (p. 24).

Le démonstrateur peut aider l'opérateur de plusieurs manières. Les règles d'or sont les suivantes : poser l'objet sur un repère déterminé, ne pas le bouger et ne pas cacher de détails, travailler dans un espace réduit. Il est préférable de présenter les différents points d'intérêt d'un objet dans un ordre convenu en tournant l'objet pour les présenter à la caméra. Évitez de sauter d'une chose à l'autre, au hasard.

Les gros plans d'objets tendus vers la caméra par le démonstrateur sont toujours approximatifs, car il faut que les mains soient très stables pendant un temps assez long pour que vous puissiez cadrer et faire le point. Les plans de ce type, pris au vol, sont souvent inutilisables. Il faut être très fort pour conserver le sujet dans le cadre et le point, surtout si vous devez faire un zoom d'un détail.

Le choix de la focale

Si des gros plans sont nécessaires, de nombreux opérateurs, préfèrent utiliser une focale assez longue. Bien que la profondeur de champ soit limitée et la tenue de la caméra délicate, cela permet de travailler assez loin de l'action, d'avoir des distorsions faibles et de ne pas avoir de problèmes d'ombre.

Pour de nombreux types de démonstrations, la faible profondeur de champ constitue un avantage, elle permet d'isoler le sujet (*mise au point différentielle* p. 30). Vous pouvez être très net sur le sujet tandis que le fond sera atténué.

Essayez de ne pas laisser entrer dans l'image de sujet étranger. Si vous vous concentrez fortement sur le sujet lui-même, vous risquez de laisser passer par distraction une saturation lumineuse, une réflexion, une marque, un spectateur... etc...

Le point de vue
Si le point de vue est mal choisi, un détail important peut être caché.

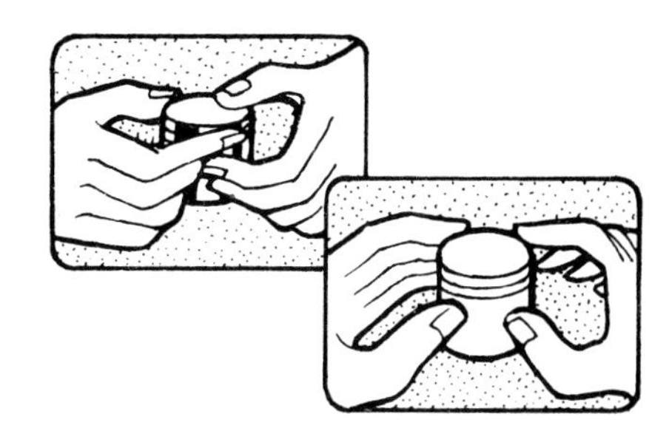

Tracer des marques sur la table
Si le démonstrateur pose les objets au hasard sur la table, la caméra peut n'avoir aucune chance de bien les prendre. Pour assurer une disposition précise, faire de discrètes marques sur la table.

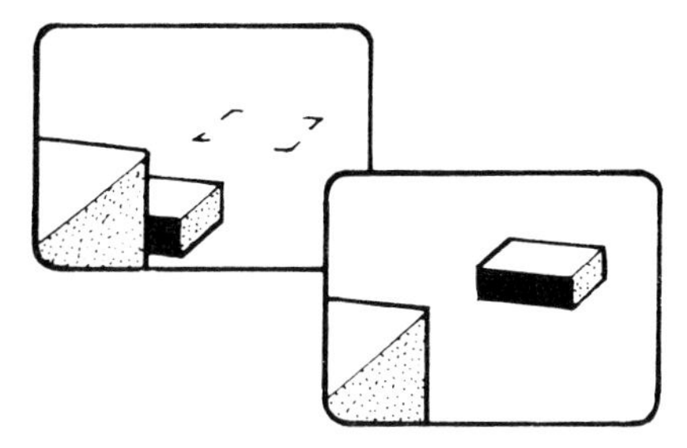

Des objets stables
Si les objets sont tenus en l'air, l'image a toutes les chances d'être instable et floue.

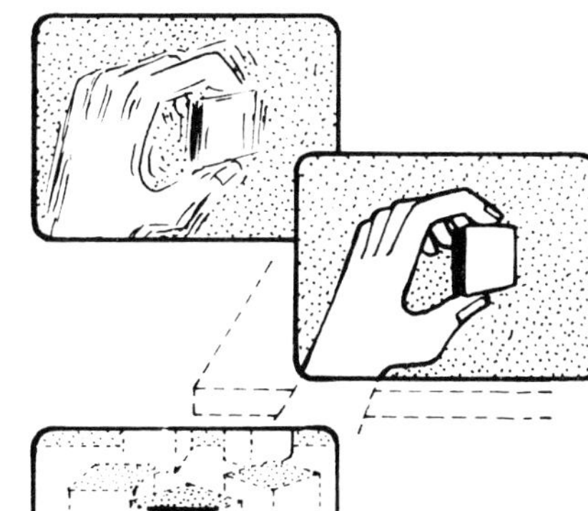

La profondeur de champ
Suivant le type de tournage, une faible profondeur de champ pourra être avantageuse (en isolant un seul objet) ou gênante (on ne verra pas assez de détails).

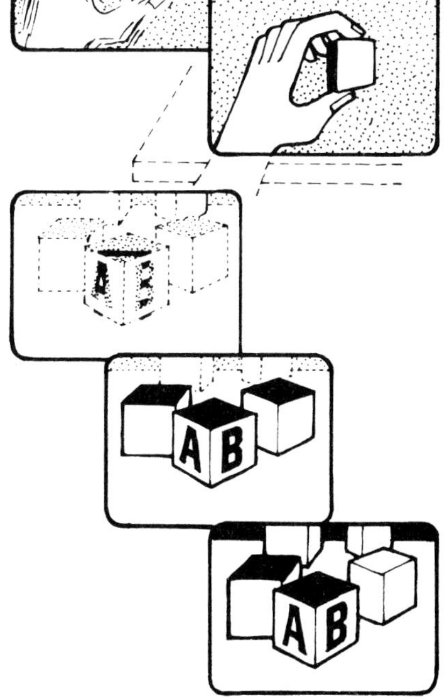

Visez le pianiste

La gamme des prises de vue courantes que vous pourrez faire d'un pianiste et de son instrument est étonnamment restreinte. Bien sûr, diverses innovations sont possibles : réflexions, silhouettes, ombres, cadres penchés, qui peuvent donner de l'attrait à certains types de présentation. Il y a aussi les trucs où le pianiste joue en duo avec lui-même ou apparaît en multiples éléments d'images prises sous divers angles. Mais ces traitements inhabituels risquent d'attirer l'attention sur leur habileté plutôt que sur l'exécutant et sur la musique.

Le piano est un instrument qui défie les bonnes images car sa masse imposante ne peut être cadrée avec succès que selon quelques directions. Sous d'autres angles, on ne peut pas voir le clavier, quand ce n'est pas le pianiste.

La meilleure manière d'utiliser la caméra

Vous pouvez voir, ci-contre la gamme classique des plans que permet le piano. La plupart des prises de vue du clavier placent le pianiste à gauche car c'est la main droite qui généralement joue la mélodie principale. De la gauche du clavier, les prises sont très limitées, car elles ne se recoupent généralement pas bien avec les autres points de vue, et si vous ne faites pas très attention, la règle des 180° ne sera pas respectée.

A des hauteurs de caméra normales, on ne peut se déplacer autour du piano que suivant un arc de cercle assez limité car le dos du pianiste, le couvercle et le corps de l'instrument empêchent toute prise.

Les problèmes de profondeur de champ

Pour obtenir un gros plan du doigté, une solution s'impose : utiliser un téléobjectif. Cependant la profondeur de champ est si réduite qu'il peut devenir impossible de conserver le point sur une main bougeant rapidement. La faible profondeur de champ ajoutée au fort raccourci perspectif du clavier rendent ces plans de détails très incertains.

Les mouvements de caméra

Les mouvements de caméra sont généralement liés au rythme et à la disposition de la musique, de rapides changements de plan peuvent convenir à un groupe pop, mais pour des passages calmes d'un concert de musique classique, les mouvements de caméra doivent être si doux qu'on doit à peine les sentir. Le spectateur n'a pas conscience du changement, mais ressent son effet, le mélange de la musique et de l'image produit alors un tout émotionnel.

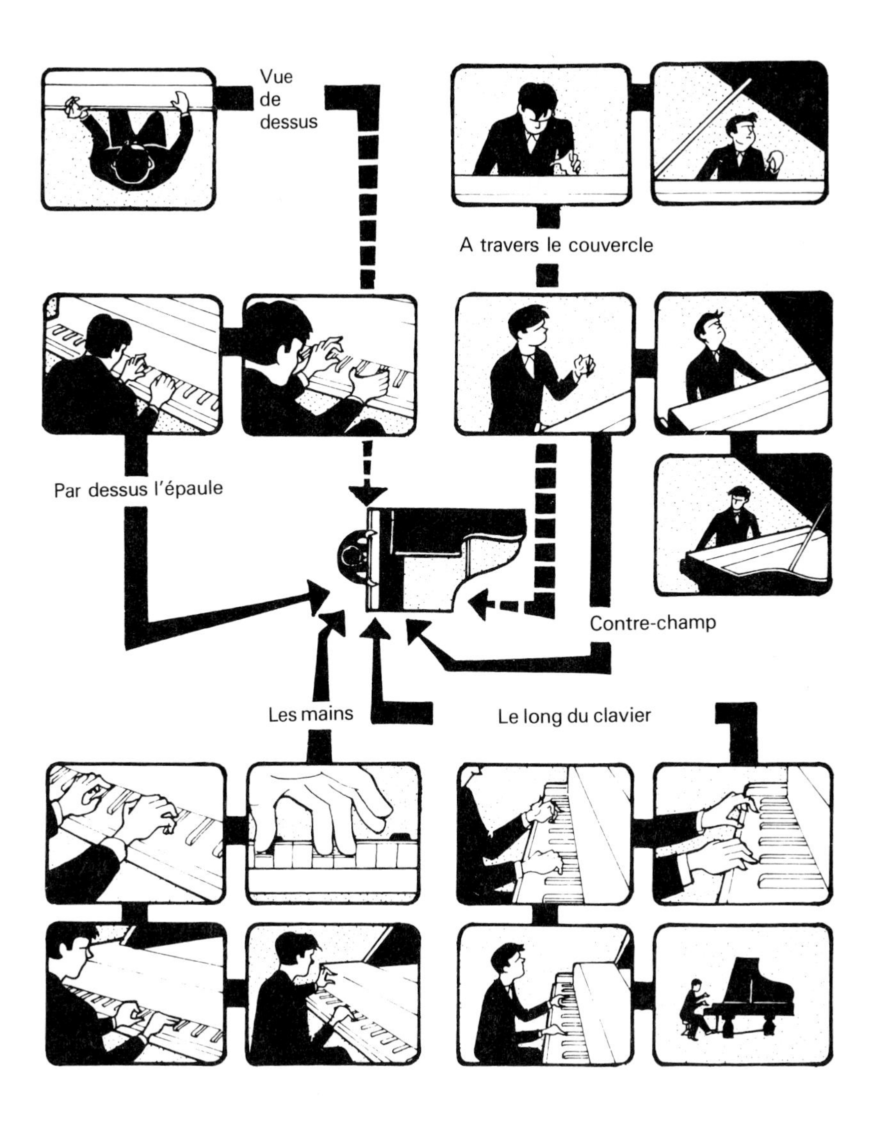

Tirez sur le pianiste !
La gamme de plans utilisable pour présenter un concert de piano est assez limitée.

Mal cadré, un récital devient un puzzle bien compliqué.

Comment cadrer des instrumentistes

Les instruments de musique n'ont pas tous le même intérêt visuel. Un champ large convient mieux à certains, d'autres dont l'intérêt est très localisé, demandent un point de vue plus rapproché. Le point d'attention est souvent double et la caméra devrait suivre les deux mains dont les actions sont intimement liées (par ex. la guitare ou le luth).

Rappelez-vous combien sont divers les instruments de musique, du piccolo au grand orgue. La plupart des instruments n'offrent qu'une série limitée de prises de vue significatives qu'il convient de choisir avec le plus grand soin.

Les instrumentistes

Les instrumentistes assis qui font partie d'un ensemble bougent très peu, par contre, un soliste modifie beaucoup sa position en jouant. Pour tourner un violon solo, par exemple, le réalisateur devra modifier la position de la caméra, ou commuter sur une autre caméra, pour suivre l'action, car les angles de prises de vue possibles sont peu nombreux.

Le style de prises de vue doit suivre la forme musicale. Parfois un éclair d'inspiration réussira à transmettre l'esprit même du moment musical. Pour la musique la plus classique, une préparation minutieuse est nécessaire afin de renforcer la compréhension, par le public, de la composition musicale.

L'organisation du tournage est très importante. Il est trop facile de passer sur un instrumentiste juste quand il vient de finir de jouer et qu'il reste inactif pendant une douzaine de mesures. Bien connaître le morceau et avoir une bonne mémoire des plans sera d'un grand secours. Bien que le réalisateur suive certainement la partition, il doit pouvoir compter sur la vigilance des cadreurs.

Les orchestres

La plupart du temps, les prises de vue d'un orchestre sont constituées de plans larges des différentes parties de l'orchestre, de plans plus serrés de groupes de pupitres et de gros plans de mains. En raison de l'étendue de l'orchestre, les gros plans ne pourront être réalisés qu'au téléobjectif. Certains réalisateurs choisissent de faire déplacer la caméra pour varier les prises, d'autres préfèrent des caméras plus statiques dont ils mélangent les images.

La tentation existe toujours de réaliser des images moins classiques : un clarinettiste vu d'en bas, un reflet dans le pavillon d'une trompette, l'ombre d'une harpe sur le plancher, la vieille prise routinière du harpiste derrière ses cordes avec changement de point, un pied qui marque le rythme, un zoom vers les réactions du public... Autant de bonnes idées, mais êtes-vous sûr qu'elles conviennent *réellement* ?

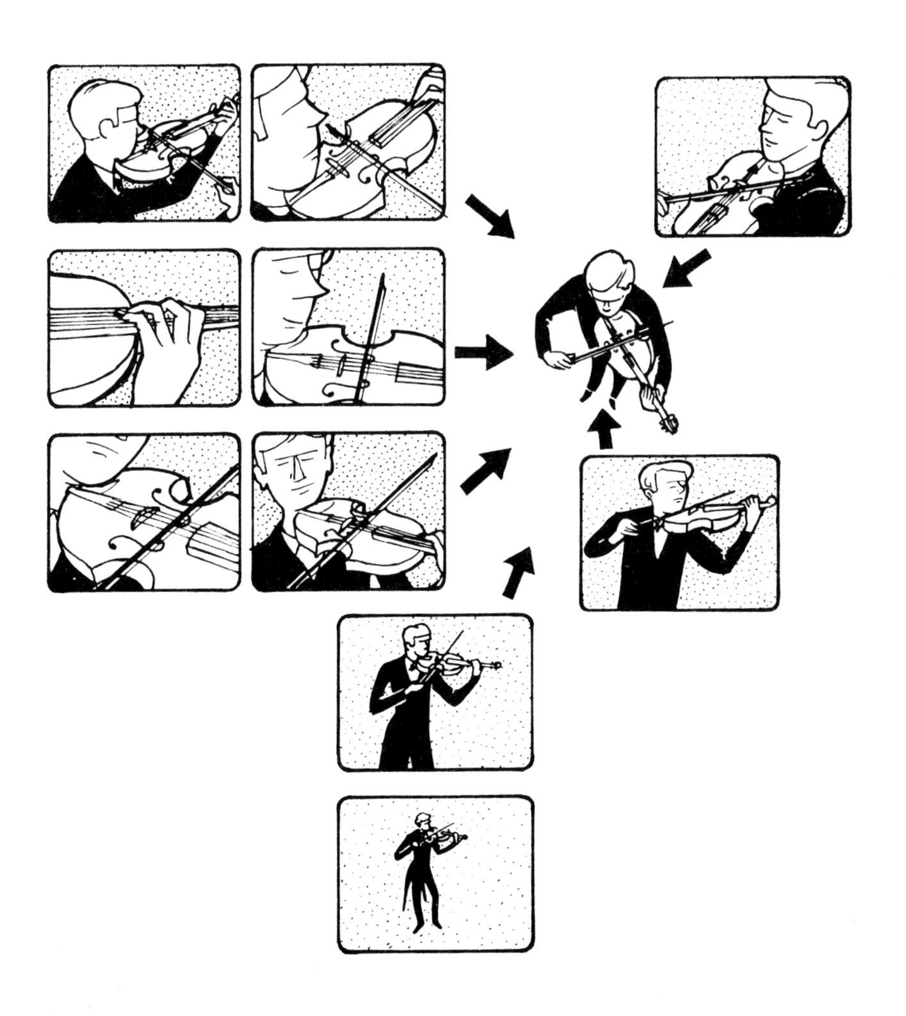

Le violoniste
La forme même d'un instrument et la manière d'en jouer vous permettent de choisir les angles de prises de vues qui donneront les meilleurs plans.

Les filtres et les effets optiques

En visant à travers un filtre ou un accessoire optique, on peut produire une grande variété d'effets visuels. Certains dispositifs sont fixés devant l'objectif, d'autres sont portés par un *disque porte filtre* à l'intérieur de la caméra, prêts à être sélectionnés.

Les filtres gris neutre - ND (1)
Par grand soleil, vous devez diaphragmer à fond pour éviter une surexposition mais les petites ouvertures ne sont pas toujours souhaitables (a) parce que les objectifs donnent souvent une meilleure image à f/5,6 ou f/8 (b) parce qu'on ne cherche pas toujours la profondeur de champ correspondante. On interpose alors souvent un filtre gris neutre pour couper l'excès de lumière sans altérer le rendu colorimétrique. La gamme des transmissions disponible va de 10 % à 1 %. Si vous aviez dû diaphragmer à f/16 à cause d'une trop forte lumière, un filtre à 10 % vous ramènera à f/5,6.

Même sous faibles lumières, un filtre neutre peut être utilisé pour travailler à grande ouverture (f/1,9 au lieu de f/5,6) pour réduire la profondeur de champ.

Les filtres correcteurs
Ces filtres colorés compensent optiquement les variations de qualité de lumière (température de couleur), entre, par exemple, la lumière solaire (6000 °K) et la lumière artificielle (3200 °K). Dans de nombreuses caméras, cette opération peut s'effectuer grâce à la *balance automatique des blancs* (2).

Les filtres étoiles
Un disque transparent sur lequel a été gravé un réseau de traits produit un motif à plusieurs rayons (4, 6, 8) autour des fortes lumières (lampes, reflets). Ces rayons tournent en même temps que le filtre.

L'image diffuse
Les filtres de diffusion produisent des effets qui vont d'un simple adoucissement de l'image jusqu'à des effets de brouillard et de halo autour des lampes. Vous pouvez aussi utiliser un filet de nylon ou un bas, ou cadrer à travers un morceau de verre légèrement enduit de graisse ou d'huile.

Les effets optiques
Des *images multiples* peuvent être obtenues à l'aide de lentilles prismatiques ou à facettes, de filtres à réseaux, ou de kaléidoscopes. Vous pouvez aussi déformer l'image en visant à travers un morceau de verre ondulé ou grâce à un miroir de plastique souple. Viser à travers un cylindre de plastique réfléchissant donne une image centrale entourée de réflexions colorées. Un *prisme* peut renverser l'image, la retourner ou la faire pencher.

(1) ND pour Neutral Density (NdT).
(2) Se reporter à « Vidéo, principes et techniques », Éditions Dujarric.

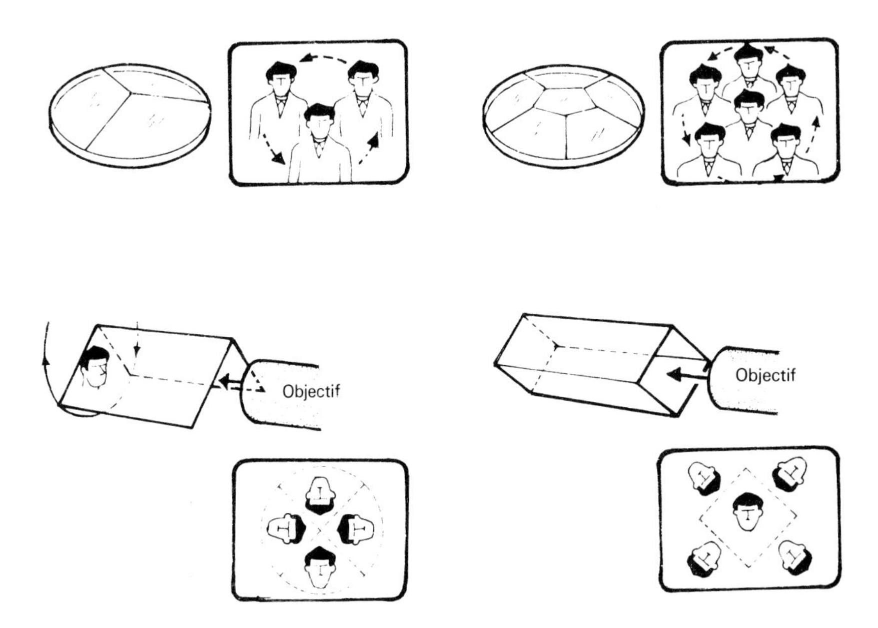

Les lentilles prismatiques
Une lentille à facettes donne plusieurs images identiques que l'on peut faire tourner en tournant l'appareil. Dans le second type, l'image centrale demeure fixe tandis que les images périphériques tournent autour d'elle.

Le kaléidoscope
Si on vise à travers un tube comportant 3 ou 4 miroirs, on obtient une image centrale et des images en coins.

Des réflexions astucieuses résolvent des problèmes majeurs.

Les miroirs peuvent tout

Si vous devez tourner un sujet selon un angle inhabituel.
1. Pour montrer des détails invisibles autrement.
2. Pour contourner des obstacles qui gênent la prise de vues.
3. Pour obtenir un effet dramatique.

Ceci peut exiger des prises de vues d'en-dessus, des contre-plongées, des prises au ras du sol, ou d'un endroit parfait mais inaccessible.

Même si aujourd'hui les petites caméras sont très mobiles et facilement maniables, des tournages dans des conditions extrêmes posent encore des problèmes.

Une approche directe

Vous pouvez arriver à mettre votre caméra exactement où il faut, mais pour les positions les plus périlleuses (juste au-dessus des têtes ou à mi-hauteur d'un mur), il est souvent impossible de placer aussi l'opérateur. Quand la caméra est très penchée, il devient difficile d'actionner les réglages ou de voir dans le viseur, même si vous pouvez surveiller la mise au point sur un moniteur.

L'utilisation de miroirs

En visant par l'intermédiaire d'un miroir, vous pouvez « atteindre » des positions qui auraient été inaccessibles autrement ou qui auraient exigé tout un ensemble de précautions.

C'est particulièrement lorsque vos ressources sont limitées, que le miroir est utile. La caméra peut très rapidement abandonner ce point de vue spécial pour reprendre une prise de vue directe. Les prises de vue classiques avec miroir comprennent :

1. Des vues de dessus d'une manipulation sur une table, par utilisation d'un miroir suspendu en hauteur. La caméra, à hauteur normale est basculée vers le miroir.
2. Une vue en plongée d'une action qui aurait nécessité sans cela l'utilisation d'une grue.
3. Des prises de vue à niveau de sujets placés en haut d'un mur (balcons, statues, fenêtres).
4. Des vues prises de très bas grâce à un miroir placé sur le plancher ou à un périscope.

Problèmes posés par l'utilisation de miroirs

Les miroirs ont leur revers. L'image est renversée latéralement ou verticalement si elle n'est pas corrigée (soit électroniquement par *inversion du balayage,* soit par l'utilisation d'un deuxième miroir).

Les miroirs en verre sont lourds, délicats à installer et ils peuvent couper la lumière. Si le miroir est petit et éloigné, il peut couvrir un champ trop restreint. Dans l'idéal, les miroirs doivent être argentés en surface pour éviter des doubles réflexions. Mais les surfaces réfléchissantes légères en plastique peuvent répondre à bon nombre de besoins.

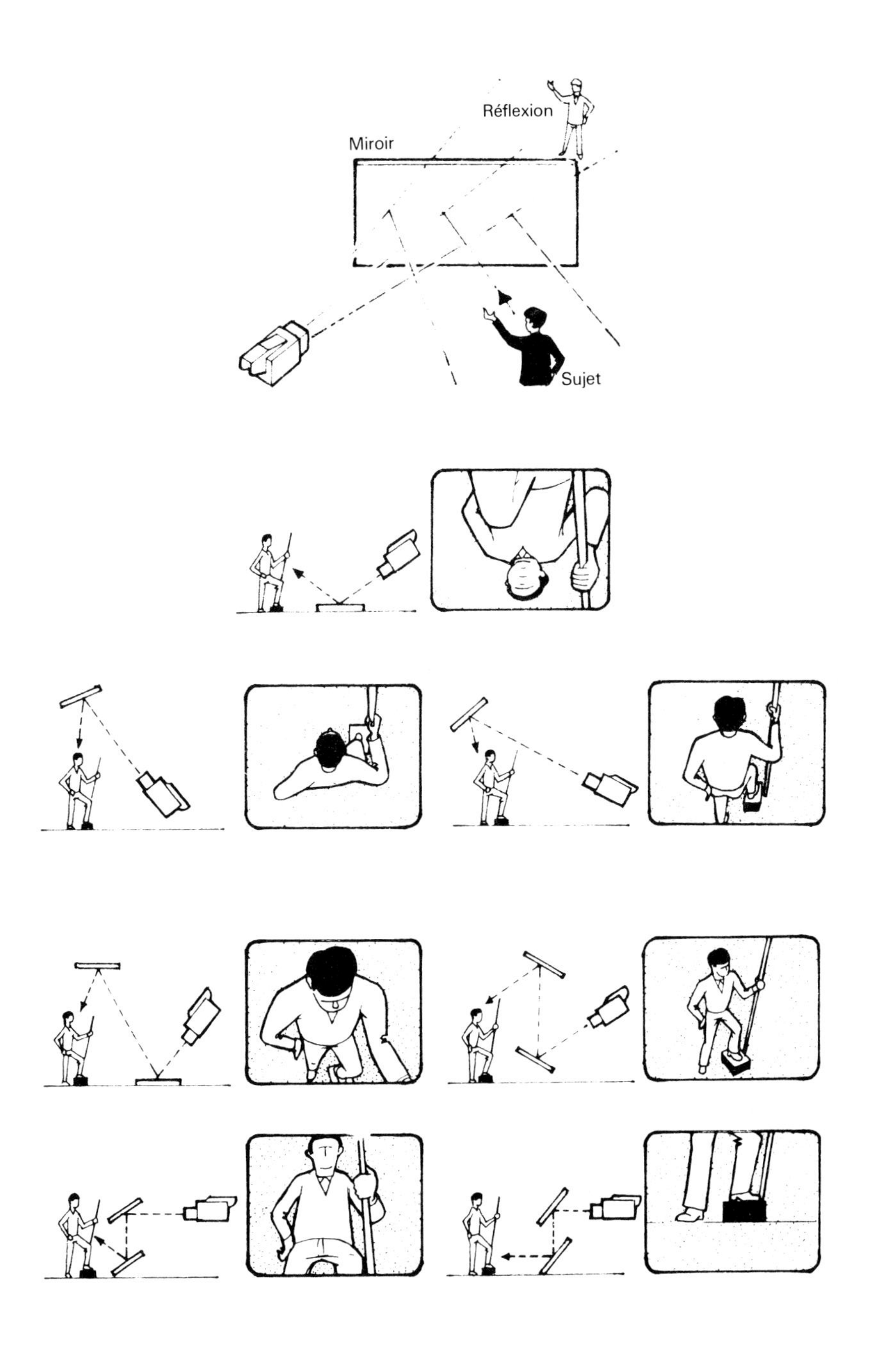

Principes de base
L'image réfléchie est inversée latéralement. Elle est à une distance apparente (derrière le miroir) identique à celle du sujet au miroir. Il faut faire le point sur cette image et non sur la surface du miroir.

Les documents utiles au cadreur

Un réalisateur peut prévoir et décrire son travail avec beaucoup de précision. Cela dépend de la nature et de la complexité du tournage aussi bien que de son tempérament et de sa compétence. Certains tournages ne nécessitent qu'une préparation succincte, tandis que d'autres exigent une planification très détaillée.

L'improvisation peut devenir inévitable lorsque l'on ne peut prévoir tous les détails du tournage ; mais l'on peut mettre à plat des situations même très complexes en fournissant un canevas comportant une liste de plans possibles pour chaque caméra.

Le déroulement de certains programmes est très « figé », si bien que le réalisateur peut se contenter de simples indications aux caméras : « La une fera un plan d'ensemble au début, un plan moyen au moment de l'entrée des concurrents, puis un plan serré quand ils seront devant le jury... » Le cadreur n'a plus qu'à se tenir prêt à faire ces plans au moment voulu. Aucun papier ne lui est nécessaire.

Le découpage

Il contient l'ensemble des indications nécessaires à la prise de son et à la prise de vues. Sur une moitié de la page on trouve le dialogue et les indications concernant les mouvements sur le plateau, l'éclairage et le son... etc... L'autre moitié de la page comporte l'indication des caméras en service, des plans demandés ainsi que du type de transition (cut, fondu, volet...). C'est un document essentiel à l'organisation de la production, mais qui est trop détaillé pour qu'un cadreur, très occupé par ailleurs, puisse le suivre. Il devra utiliser d'autres documents.

Les documents du cadreur

Pour les émissions les plus simples, un script donnant les grandes lignes du travail peut suffire. Il ne donnera que des indications brèves aux cadreurs ainsi que l'ordre de passage à l'antenne des caméras.

Le *conducteur* indique l'ordre des différentes séquences du programme. Il donne les dispositions retenues pour les prises de son et les prises de vues, ainsi que les différentes consignes, les noms des comédiens... etc...

Les cadreurs peuvent aussi fixer à leur caméra un *plan de travail individuel* sur lequel ils auront porté, pour chaque plan, tous les éléments nécessaires (type de plan, mouvement de caméra, déroulement de l'action...).

Pour des tournages sans scénario précis, un simple plan de tournage donnant des éléments du travail souhaité est fort utile.

DÉCOUPAGE ÉMISSION DE VARIÉTÉS

DURÉE	ACTION	LIEU	SON	CAM 1	CAM 2	CAM 3
30″	fin extrait film l'orchestre ouvre la partition, joue 10 mesures à vide	Télécinéma	couper ligne TC, ouvrir M6 à M16, M1 et M18	Position A plan américain de la porte	prépare pos. B	prépare pos. C
20″	P. L. crie « Marcella » Elle apparaît haut escalier Applaudissements Elle descend et se met à chanter. Les danseurs apparaissent	escalier espace danse	fin des appl. ouvrir M17 fermer M18 M11	au signal Zoom AR en la suivant GP visage quand elle est en bas	PL arrivée des danseurs face M. de profil PL puis PA Marcel.	à l'épaule suit en contre champ M. PL
1′30″	Le chant dansé en entier		fin du chant ouvrir M1 M18 fermer M6 à 17	OFF se place en pos. A1 cadre P.L. et		à la fin du chant suit en pano découvre P.L. au signal,
30″	fin du chant, elle se dirige vers P.L.	espace invités	passer M 17 au pianiste	ses invités immédiats	au signal passe en B1	sur pied en C1 G.P. face de P.L.
3 à 4′	Interview de Marcella après applaudissements le pianiste se prépare	espace musique		Interview en totalité. Plan américain puis pano vers piano	GP face de Marcella au signal B2	au signal passe en C2 PL piano
45″	pianiste		fermer M1, M18 ouvrir M15, M4		GP clavier et mains	
30″	Marcella va vers le piano et parle au pianiste		ouvrir M1	PA Marcella puis GP	PL arrivée M.	GP pianiste

CONDUCTEUR CAMÉRA « 2 »

HEURE	ACTION	CAM 2	ANTENNE
21 h 55	Télécinéma		T.C. + Cam 1
+ 30″	Marcella descend l'escalier	Position B	Cam 1 puis 2 et 3
	Les danseurs arrivent	PL danseurs	Cam 2 + Cam 3
+ 20″	Chant dansé	PA Marcella	Cam 2 + Cam 3
+ 1′20″	M. se dirige vers P.L.	passer en B1	Cam 1 + Cam 3
+ 30″	Interview Marcella	GP face M.	Cam 1, 2, 3
+ 3 à 4′	pianiste	passer en B2 GP clavier	Cam 1 + Cam 3
+ 45″	M. va vers le piano	PL arrivée M	Cam 1, 2, 3

Lors d'un travail en équipe, le concept de réalisateur recouvre une réalité.

Tournage multi-caméras

Chaque fois qu'une production un peu compliquée doit être diffusée en direct (transmise au moment même où l'action se produit) ou enregistrée en direct, on a tout avantage à travailler à plusieurs caméras.

Pour sélectionner l'une ou l'autre des images, on utilise une *régie de commutation et de mélange* (*mélangeur vidéo*). Ce pupitre possède des circuits de commutation et d'affaiblissement. Il est possible avec ce pupitre de *passer « cut »* d'une image à l'autre, de réaliser des *fondu-enchaîné,* des effets de *surimpression,* des *médaillons* ou des *volets.*

Deux ou trois caméras peuvent suffire pour des besoins généraux, mais pour des productions importantes, il faut avoir quatre, cinq caméras (parfois plus) pour réaliser une prise de vue continue. Dans certains studios, au lieu de réaliser les effets directement à la prise de vue, chaque caméra est reliée à un magnétoscope, les différentes prises sont ensuite montées en *post production.*

Le travail en équipe

Il existe plusieurs différences, pour un opérateur, entre un tournage isolé avec sa propre caméra, et sa participation à une équipe de cadreurs. L'*opérateur unique,* au sein d'une production, choisit les meilleurs cadres (comme en reportage) surtout s'il est en même temps le réalisateur.

Le cadreur intégré dans une équipe de plusieurs caméras, reçoit les instructions du réalisateur situé en *régie,* par l'intermédiaire d'un casque à écouteurs. Il doit coordonner son travail avec celui des autres cadreurs, pour que les différentes images puissent s'assembler harmonieusement.

Les prises de vue en continu

L'utilisation de plusieurs caméras en tournage continu, permet au réalisateur de réagir *instantanément* à tout changement visuel. Il peut commuter entre différentes grosseurs de plans, suivre le déplacement de l'action d'un lieu à un autre, combiner des points de vue différents...

Le plus important, peut-être, dans cette méthode de tournage, est qu'elle permet d'obtenir en une seule fois une *émission complètement réalisée,* que ce soit pour du direct ou du différé. Bien entendu s'il s'agit d'un enregistrement, on aura toujours la possibilité de corriger des erreurs éventuelles par un montage ultérieur. Les tournages mono-caméra, au contraire, donnent une série de prises qui devront obligatoirement être *entièrement montées.*

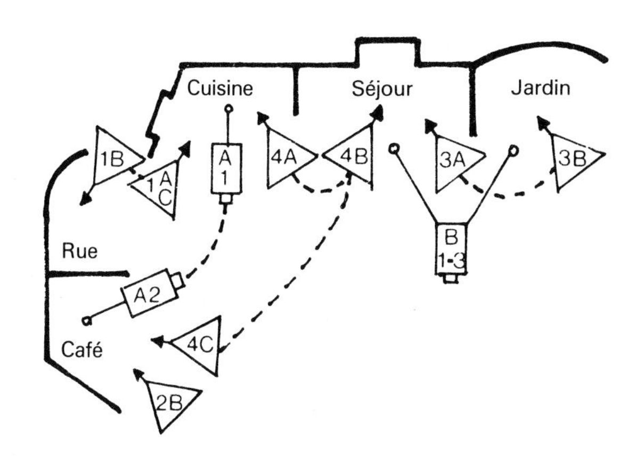

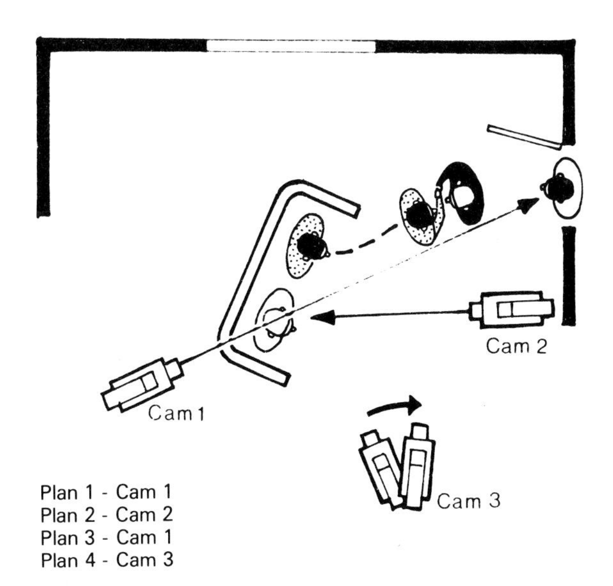

Plan de positions des caméras
Les positions successives des caméras 1, 2, 3, 4 sont repérées 1A, 1B, les positions des girafes A et B sont repérées par A1, A2...

Tournage multi-caméras
A chaque caméra est attribuée un plan ; par exemple : Plan 1, Cam 1 ; Plan 2, Cam 2 ; Plan 3, Cam 1 ; Plan 4, Cam 3.

Ayez une idée précise de ce que veut le réalisateur.

Le réalisateur compte sur vous

Il ne suffit pas d'avoir des éclairs d'inspiration pour réaliser un programme un peu complexe, bien que cela puisse être utile en certaines occasions. Un réalisateur avisé prévoit toujours comment il va organiser son tournage. Une production télé repose sur l'existence d'une équipe très soudée capable d'interpréter ses idées.

Comment un cadreur peut-il s'intégrer au mieux dans cette équipe ?

1. En étant adroit, précis, rapide et sûr.
2. En anticipant sur le réalisateur pour régler les problèmes qui peuvent survenir.
3. Par une aide discrète, proposant des solutions lorsqu'il le faut et qu'elles correspondent vraiment au type de production en cours.
4. En étant disponible, prêt à essayer un cadrage, même s'il est convaincu qu'il ne convient pas.
5. En conservant toute sa patience au cours des nombreuses répétitions, devant les modifications apportées au plan de tournage ou même les ordres contradictoires.

Restez disponible
Vous rencontrerez toujours des problèmes d'un ordre ou d'un autre. C'est parfois le temps qui manque pour un mouvement prévu, une prise qui se révèle impossible, un déplacement de caméra qui doit être modifié. Dans de telles situations, vos initiatives et vos suggestions, si elles sont valables, peuvent faire gagner un temps de répétition appréciable. Mais prenez garde à ne pas vous substituer au réalisateur.

Il ne suffit pas de faire un bon cadre, l'image de chacune des caméras doit correspondre au type de traitement retenu pour le tournage. Si Marcel, à la une, décide que le cadre est meilleur en plongée, pendant que Paulo, à la 2, fait un plan d'en bas et que Jérôme, à la 3, fait un gros plan, il est bien évident que les plans ne peuvent raccorder. Il faut savoir coordonner les cadres pour conserver l'harmonie du tournage.

Ayez de l'initiative
Le réalisateur, en régie, ne voit bien souvent que ce qui est sur les moniteurs, aussi, pendant les répétitions, les cadreurs qui ne sont pas en final peuvent l'aider en lui fournissant un plan large du plateau qui lui indiquera des problèmes qui peuvent survenir — par exemple une perche qui ne permet pas à une caméra de s'approcher assez du sujet. Lors d'un tournage qui n'a pas été répété, ou lors de situations imprévues, un cadreur peut proposer des plans possibles de son point de vue. Rappelez-vous, pourtant, que des plans qui n'ont pas été prévus peuvent contrecarrer le travail du reste de l'équipe.

Soyez logiques
Essayez toujours de refaire les mêmes prises qu'à la répétition. Ne modifiez vos plans que si les circonstances l'exigent vraiment, par exemple si l'un des participants n'est pas à la place qui avait été indiquée.

Assurez votre cadre
Assurez-vous que vous avez bien le bon cadre. Voici un ensemble de plans à deux personnages. Ils auront tous des effets différents sur le spectateur.

Corrigez vos cadres
Lorsque des erreurs se produisent, efforcez-vous de les compenser. Ici, le personnage de droite ne s'est pas suffisamment avancé, jusqu'aux marques tracées sur le plancher. La caméra se déplace latéralement pour retrouver un cadre correct.

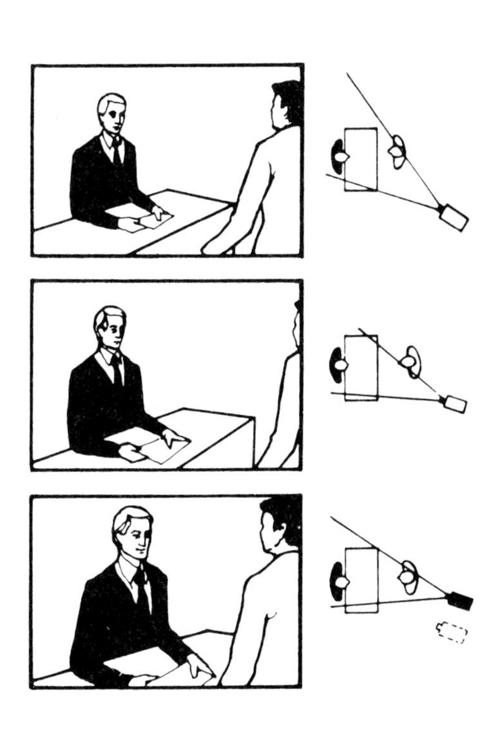

Prêt pour la répétition

Voici un bref rappel des vérifications de routine que doit faire tout opérateur digne de ce nom. Certaines semblent évidentes, mais mieux vaut les rappeler.

Vérifications caméra

1. *Préliminaires :* Caméra en marche, préchauffage et alignement faits.
2. *Câbles :* les connexions sont-elles en place et les prises verrouillées ? Le câble est-il assujetti au pied ? Est-il assez long pour les mouvements de caméra ? Est-il correctement disposé ?
3. *Tête caméra :* les poignées sont-elles bien fixées et selon un angle pratique ? La caméra est-elle bien équilibrée ? Les frictions horizontale et verticale sont-elles correctement réglées ?
4. *Hauteur de la tête :* pour un trépied, vérifier la hauteur de la colonne pour un pied de studio, débloquer la colonne, vérifier son fonctionnement et son équilibrage.
5. *Réglage des roues :* vérifier la liberté des roues dans toutes les directions.
6. *Longueur de câble :* régler la longueur du câble pour qu'il n'encombre pas le plateau.
7. *L'objectif :* retirer le bouchon, vérifier la propreté de la lentille frontale.
8. *Le viseur :* régler sa netteté, sa luminosité, son contraste, son cadrage est-il correct, les voyants de zoom, de diaphragme, etc. fonctionnent-ils, ainsi que le voyant « antenne » ? Vérifiez le retour-effet.
9. *Mise au point :* vérifiez que la bague reste douce pour toutes les distances, s'il existe un système de commandes déportées, n'y a-t-il pas d'irrégularités dans son fonctionnement ? L'action du zoom est-elle douce et régulière ? Vérifiez la cote de tirage.
10. *Ouverture :* contrôlez les indications des diaphragmes en utilisant une charte sous lumière standard.
11. *Zoom :* vérifiez les graduations du zoom, réglez le boîtier de présélection, s'il y en a un, en fonction des prises à effectuer.
12. *Liaison d'ordres :* vérifier son fonctionnement. Recevez-vous le son plateau ?
13. *Filtres :* avez-vous sélectionné le filtre correct sur le disque porte-filtre ? Vérifiez qu'un filtre n'est pas resté sur l'objectif.

Préparation d'une caméra portable

En plus des réglages ci-dessus, pensez à vérifier :

1. *Câble :* avez-vous assez de câble ? La compensation de longueur de câble est-elle bien réglée ? Les raccords de câble sont-ils bien serrés ? Le passage des câbles est-il protégé des pieds, des véhicules (le recouvrir, l'enterrer, le suspendre... etc...).
2. *Batteries :* vérifiez que toutes les batteries sont chargées.
3. *Viseur :* est-il bien fixé ? Vérifiez les voyants d'alarme (fin de bande, fin de batterie, départ magnétoscope...).
4. *Microphone :* le micro est-il en bon état de fonctionnement ? Vérifiez les connexions.

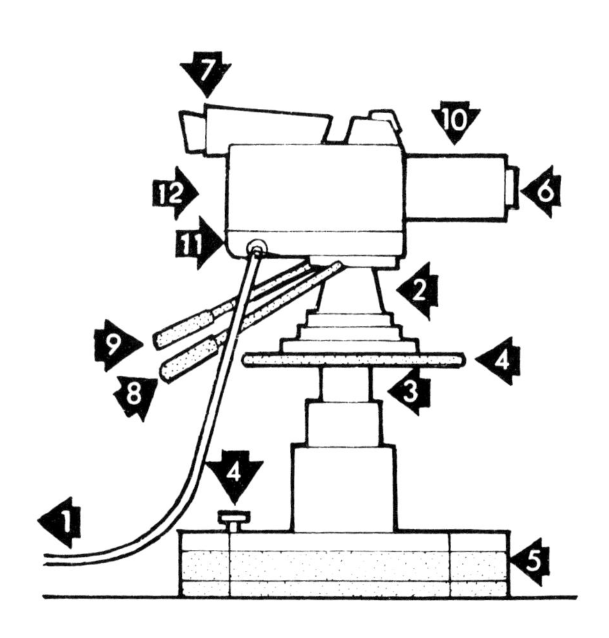

Vérifications caméra
La liste classique des points à vérifier comprend :
(1) Le câble de caméra. (2) Ensemble des dispositifs de la tête caméra. (3) Colonne du pied. (4) Réglage des roues. (5) Protection câble. (6) État de l'objectif. (7) Viseur. (8) Fonctionnement du zoom. (9) Vérification de la mise au point. (10) Contrôle de l'ouverture. (11) Transmission d'ordres. (12) Conducteur.

Un coup d'œil autour de vous pour vous familiariser avec le lieu de l'action.

Inspectez le studio

Commencez par repérer les différents endroits où l'action va se dérouler. Cela peut être évident : voici le laboratoire, voici le bureau, et voici l'endroit où aura lieu l'interview. Mais supposez qu'il y ait plusieurs interviews et plusieurs endroits de tournage, lequel est le bon ? On les désigne souvent par un nom ou une lettre.

En utilisant votre plan de tournage, repérez les diverses positions de votre caméra et ses mouvements. Voyez-vous des problèmes ? Peut-être y a-t-il un obstacle au déplacement de votre chariot de caméra ; cela arrive même dans les meilleures productions ! pas assez d'espace pour passer entre deux praticables, des accessoires encore au magasin, un réglage de lumière... Un pied de projecteur peut être visible à travers une fenêtre... Toutes les remarques que vous pourrez faire alors feront ensuite gagner beaucoup de temps.

Où faire passer les câbles ?
En vous rappelant les positions choisies pour votre caméra (caméra 2 en 2A, 2B, 2C etc...), déterminez par où doivent passer les câbles depuis leur point d'entrée sur le plateau. Il peut n'y avoir qu'une seule boîte de raccordement pour toutes les caméras, ou bien des prises distribuées tout autour du plateau si bien que vous pourrez utiliser celles qui sont les plus proches du lieu de tournage. Vous pourrez ainsi éviter que les câbles ne s'allongent en travers du plateau, empêchant les déplacements des caméras.

Les câbles ont vite fait de se coincer sous une estrade, un support de moniteur ou de haut-parleur, un meuble ; êtes-vous bien sûr d'avoir toujours assez de longueur de câble disponible pour vos mouvements. Conservez-en quelques longueurs, enroulées en 8 dans un coin écarté du plateau. Il n'est pas seulement agaçant d'avoir à tirer sur un câble trop court ou emmêlé, c'est aussi, bien dangereux pour le câble lui-même.

Inspectez les endroits où passera la caméra
Ce sera une bonne idée de jeter un coup d'œil sur le sol du plateau, là où vous devrez faire passer votre caméra. Des obstacles ont pu être déposés depuis la dernière répétition — cela va des câbles pour les projecteurs et les moniteurs jusqu'à des morceaux de bois utilisés pour une construction de dernière minute, à des tapis, ou même de la peinture fraîche. Pensez à nettoyer le plancher, on a vu un mégot de cigarette se trouver devant une roue et provoquer une trépidation de la caméra.

Prêt à tourner
Maintenant vous pouvez aller à la position de départ de votre caméra, le casque sur la tête, un coup d'œil à votre plan de tournage, vous faites le point. Prêt à tourner.

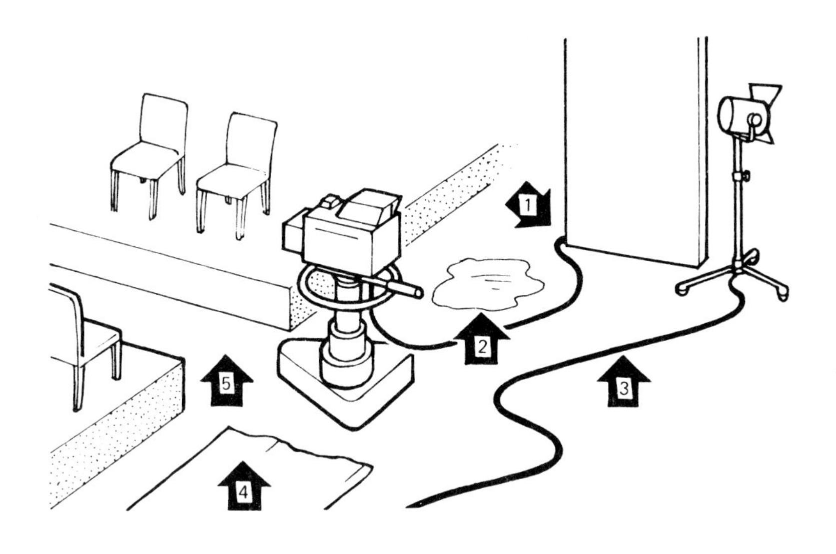

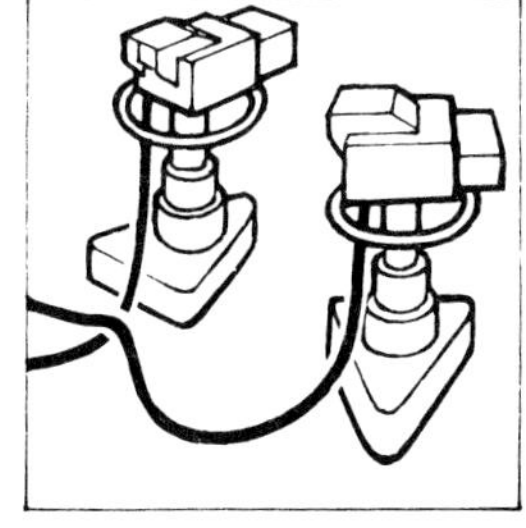

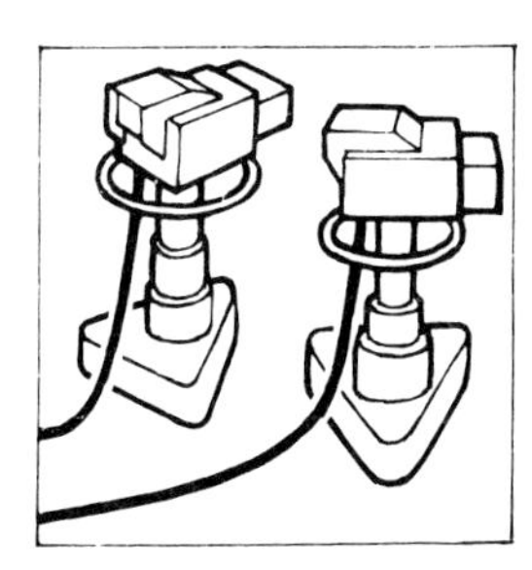

Inspection du plancher
Il y a beaucoup de problèmes pour ceux qui sont imprévoyants :
(1) Le câble de caméra est coincé. (2) Il y a de l'eau sur le plancher.
(3) Des câbles électriques empêchent les déplacements. (4) Un revêtement de sol bloquera le chariot. (5) Un élément de décor empêche la caméra de s'approcher.

Le chemin des câbles
Dans un travail en continu à plusieurs caméras, il est important de disposer soigneusement les câbles afin de ne pas entraver les déplacements. On rencontrera des dispositions de types suivants : une caméra est dans la boucle du câble d'une autre ; un câble passe sous un autre (à éviter si possible) ; les câbles sont parallèles.

Inaudible sur le plateau la liaison d'ordre coordonne le travail de l'équipe.

On tourne

Tous les membres de l'équipe sur le plateau portent un casque-son dont les écouteurs leur permettent de recevoir la liaison d'ordres et le programme audio.

Cet ensemble de liaison peut être « communautaire », c'est-à-dire que tout le monde entend tout le monde. Dans d'autres configurations, l'équipe n'entend que le réalisateur et son assistant, les autres personnes en régie (directeur technique, ingénieur de la vision...) n'ayant qu'un accès conditionnel à cette liaison. Les cadreurs peuvent répondre grâce à un micro adapté à leur casque.

Pendant la répétition

Essayez de donner des instructions brièvement, tout bavardage inutile est fatigant. Les gens ont tendance à « couper » mentalement et à se dire que le bavardage, c'est pour les autres. Voici un exemple d'instructions provenant du réalisateur :

« Caméra 1, il va se lever, commence à élargir (la personne se lève)... il se dirige vers la table, tu vas resserrer quand il arrivera. Caméra 2, un gros plan du vase pour le moment où il va montrer le décor...

Pendant la prise

Au moment de l'enregistrement ou de la diffusion en direct, les instructions sont très brèves et ne sont plus que des rappels. L'assistant réalisateur annonce le numéro de la caméra et celui de la prise ; il fait préparer les autres sources d'images (par ex. le télécinéma), et donne les décomptes de départ :

« Bientôt la 1... la 1 à l'antenne... plan 15... prêt pour monter... Attention la 2... la 2 à l'antenne... la 1 va vers la fenêtre... »

A l'aide de son conducteur, le cadreur connaît sa position, le type de plan... Pendant la répétition, il a appris comment l'action se déroulait et les opérations qu'il aurait à faire (panoramique, mise au point, déplacement), il n'a plus maintenant besoin que de brefs rappels. La liaison d'ordres n'a plus qu'à coordonner l'ensemble en soulignant les difficultés particulières.

Soyez prêts

Conservez toujours une longueur d'avance en jetant un coup d'œil aux spécifications du plan suivant. Quand votre prise est terminée, déplacez-vous dès que possible, rapidement mais en silence.

Lorsqu'une caméra se déplace rapidement ou sur une grande distance, le bruit des câbles peut être très gênant si l'action est calme à ce moment ; un assistant peut vous aider en s'assurant que la caméra dispose d'une longueur de câble suffisante, en rassemblant les longueurs de câble inutiles, pour éviter qu'elles ne deviennent autant de pièges.

Instructions		Signification
La 2 en attente, prêt pour la 2, bientôt la 2, la 2 à l'antenne		Termes de procédures classiques
Pano à gauche Pano vers le haut Centrer le cadre	mouvements de la tête	Tourner la caméra vers la gauche Basculer la caméra vers le haut Placer le sujet au centre de l'image
Le point sur... Suivre le point Perdre le point Faire glisser le point de... à...	mise au point	Rendre un sujet net Conserver net un sujet qui se déplace Rendre l'image floue Faire passer la mise au point nette d'un sujet à un autre
De l'air au-dessus De l'air à gauche Mettre hors champ La main en amorce	cadrage	Laisser un espace au-dessus de la tête Laisser de l'espace à gauche Le sujet ne doit plus apparaître La main d'un personnage est en premier plan dans l'image
Gros plan du vase Plan d'ensemble de la tribune Un plan plus serré Un plan plus large Desserre un peu	types de plans	Utilisation des termes habituels à l'équipe pour définir les plans que souhaite le réalisateur Le sujet doit occuper plus d'image L'image doit couvrir une zone plus large de la scène Élargir très légèrement le plan
Travelling avant Travelling arrière Baisser le pied Monter le pied Rotation du bras Élévation du bras	déplacements	Le chariot de la caméra avance ou recule suivant le plan prévu Modifications de hauteur de colonne Mouvements du bras d'une grue
Zoom avant Zoom arrière		Augmenter la focale (serrer le cadre) Diminuer la focale (élargir le cadre)
Terminé pour la 3 Clair pour la 3		La caméra 3 n'est plus en final

Faire un bon plan est une chose, savoir le refaire en est une autre.

Réglez bien vos plans

Un bon cadreur ne peut se contenter de réussir de bons plans en répétition, il doit pouvoir les refaire « à l'antenne » en dépit de la tension et de la complexité du moment.

Si le dispositif est statique, avec des personnages assis derrière un bureau, il est assez facile de répéter plusieurs fois le même plan. Mais si la situation est dynamique, avec des personnages qui se déplacent, des groupes qui se font et se défont, un bon cadrage est bien plus difficile à obtenir.

Une répétition précise des plans

Différentes techniques sont à votre disposition pour vous assurer que vous aurez bien toujours le même plan.

1. *Vérifiez votre focale :* pas de problème, bien sûr, si vous avez des objectifs fixes, mais si vous utilisez un zoom, vous devez vous assurer que vous avez la même focale que pendant les répétitions ; sans cela, les proportions seront différentes.

2. *Prenez des repères :* regardez bien votre cadre pour voir où il coupe des objets du décor. Ces indications vous permettront de retrouver le plan exact.

3. *Inspectez l'espace autour de vous :* y a-t-il des objets risquant d'entrer dans l'image, une fenêtre éclairée à éviter ? Ne risquez-vous pas de ne plus pouvoir trouver le cadre ? Si vous déterminez bien les limites de ce qui vous sera possible, vous ne risquez pas d'être pris au dépourvu.

4. *Repérez bien vos différentes positions* sur le plancher. En faisant une marque sur le plancher, vous saurez exactement quelle était la position de la caméra pendant la répétition. Prenez du chatterton, de la craie, jamais de marker indélébile, il faut effacer vos marques après le tournage. Ces marques ne doivent pas être trop nombreuses, vous pourriez les confondre et elles risquent d'apparaître à l'image. Vous pouvez aussi utiliser, pour vous situer, des éléments du décor (le coin d'un mur, une étagère...).

Pourquoi vous tracasser

Certains opérateurs s'en remettent exclusivement à leur mémoire visuelle et méprisent ces repères. Ce sont eux qui ont souvent des reflets inattendus dans l'objectif, des ombres dues à la caméra, ou des erreurs de cadre ; leurs dons sont moins exceptionnels qu'ils ne le pensent. Il peut vous arriver de vous trouver à une distance différente de celle prévue et avoir à utiliser une focale différente pour compenser l'écart. Vous pouvez essayer de vous rapprocher et découvrir que de cet endroit le fond, derrière le sujet, est tout à fait différent de ce qui était prévu... Vous ne vous étonnerez donc pas si tant d'opérateurs expérimentés insistent tellement sur une préparation très soignée.

Vos marques sur le plancher
Repérez vos principales positions soigneusement à l'aide de marques sur le plancher correspondant toujours au même endroit du chariot.
Dans un programme comportant de nombreuses positions de caméra, identifiez vos marques avec les mêmes lettres que sur le découpage.

Retrouver le cadre correct
Repérez avec précision la largeur de vos différents cadres. Mettez-vous bien en mémoire ce qui est juste « bord cadre » et ce qui est hors champ. Ceci vous permettra de retrouver lors de l'émission les mêmes cadres que pendant la répétition.
Si le plan ne montre plus des objets qu'il devrait contenir, ou inversement qu'il en présente d'autres, son effet sera tout à fait différent.

Attention au voisinage
Ayez l'œil sur ce qui se passe à côté, des gens peuvent entrer dans le champ accidentellement. Il peut aussi se faire qu'un très léger mouvement de caméra risque de faire entrer dans le champ des choses indésirables.

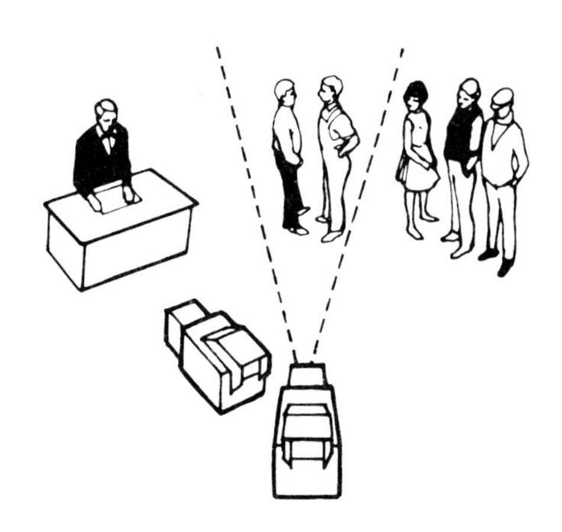

Le mariage des images

Les *spectateurs,* devant leur écran, voient une séquence d'images bien organisées qui racontent une histoire. *L'opérateur,* qu'il soit isolé ou qu'il fasse partie d'une équipe, ne voit une production que comme une série de plans isolés, parfois sans aucune relation entre eux. Il peut même parfois ignorer comment son propre travail sera utilisé dans le montage de l'émission.

Une production bien faite possède une continuité dans le style et la technique. Bien que des plans aient été tournés en différentes occasions par diverses personnes, le montage leur donne l'aspect d'un flux continu et homogène.

Aussi l'opérateur doit faire confiance au réalisateur pour être sûr que chaque plan est bien en relation avec les autres. Abandonnée à elle-même, une équipe de cadreurs risque de choisir des plans identiques d'un sujet, ou de fournir des images complètement incompatibles entre elles.

Évitez les effets compliqués

Lorsque plusieurs caméras visent un même objet, il est possible d'obtenir de bien curieux effets en commutant de l'une à l'autre. Des prises de vue d'un même sujet, de différentes grosseurs, peut le faire se gonfler ou se contracter instantanément au moment du raccord. Commuter entre des plans de grosseur identique de deux personnages peut faire penser à l'effrayante transformation du Docteur Jekyll en Monsieur Hyde. Quand « l'air » au-dessus des têtes n'a pas la même dimension, ou quand la hauteur des caméras varie, il se produit un soubresaut visuel tout à fait perturbateur. Bien que ce soit en premier lieu l'affaire du réalisateur de coordonner les plans, il est nécessaire que l'opérateur lui-même comprenne le problème et qu'il pense à fournir des images intégrables à l'ensemble.

Les images en mélange

Il y a des moments où les images provenant de plusieurs caméras doivent se combiner avec exactitude. Par exemple si une caméra prend un graphique pendant qu'une deuxième fait apparaître progressivement des données qui le complètent, les erreurs de définition géométrique des différentes caméras, aussi bien que le temps nécessaire pour aligner les images peuvent rendre ce type d'effet très difficile à réaliser.

Le retour truquage

Beaucoup de caméras ont un inverseur qui permet à l'opérateur de superposer, dans le viseur, l'image de sa caméra à celle d'une autre. Il peut donc régler sa caméra de manière que les deux images correspondent bien. Sinon, il devra surveiller l'image résultante sur un moniteur placé à proximité ou se laisser guider à partir de la régie.

Des effets accidentels
Lorsque le réalisateur commute d'une image à l'autre, un mauvais raccord peut provoquer des effets gênants.

1. Hauteurs de caméras différentes : ces différences de hauteur d'objectif sont à éviter s'il n'y a pas de justification dramatique.

2. Différences de hauteur dans le cadre.

3. Sauts dans la dimension d'un personnage : crée une impression désagréable de diminution ou de grossissement instantané.

4. Transformations : si deux plans se ressemblent beaucoup, un personnage peut sembler se transformer brutalement en un autre.

Les spectateurs ne doivent jamais avoir l'impression qu'on improvise.

Tourner sans répétition

Les répétitions sont importantes, elles permettent au réalisateur de se rendre compte si son plan de tournage est valable. Il veut vérifier aussi complètement que possible la mise en scène, l'éclairage, le son, les plans ainsi que tous les éléments annexes.

Certaines situations ne permettent pas de répétition, parce qu'elles n'ont lieu qu'une fois ou parce que leur déroulement est tout à fait imprévisible. Plutôt que de s'en remettre à l'inspiration du moment, un réalisateur avisé mettra sur pied un plan de campagne flexible qui assurera les meilleures possibilités et qui pourra facilement s'adapter aux circonstances.

La préparation

Certains types de programme peuvent être si familiers à l'équipe (les interviews, les jeux...) qu'il suffit de quelques indications à l'un ou à l'autre.

Le réalisateur doit indiquer les grandes lignes et l'objet de l'émission à l'équipe pour l'aider à choisir ses plans. S'il s'agit, par exemple, d'un groupe d'intervenants à qui l'on posera des questions, les problèmes sont bien différents selon qu'ils prendront la parole au hasard ou selon un ordre pré-établi.

Il est aussi bien utile aux cadreurs de connaître le nom des intervenants ou celui des personnages dans une dramatique. C'est bien gênant de faire un gros plan de Mireille si on vous a demandé de cadrer Barberine.

Types d'approche

Il y a deux manières de s'attaquer à un tournage qui n'a pas été répété.

1. En attribuant à chaque caméra un type de plan. Par exemple : la 1 fera des plans larges, la 2 fera les gros plans lorsque cela sera possible.

2. Le réalisateur, isolé en régie, peut aussi se reposer sur l'initiative des cadreurs pour obtenir les meilleures prises possibles. Il peut choisir parmi les plans qu'ils lui proposent, mais il ne peut savoir ce qui se passe en dehors de ces plans.

Les plans improvisés sont agréables, à condition que le cadreur ne se concentre pas seulement sur ce qui l'intéresse. Une série de plans de jolies filles dans le public n'est pas forcément en rapport avec le sujet de l'émission. Prenez garde, aussi, à ce que toutes les caméras ne se concentrent sur le même point de la scène, en négligeant tout le reste.

La meilleure méthode pour prendre ainsi des plans au vol, est de faire le point en gros plan, puis d'élargir jusqu'au cadre correct. Regardez hors du viseur, surveillez bien ce qui se produit, dès que vous voyez quelque chose d'intéressant, sautez dessus en zoom serré pour avertir le réalisateur qui pourra décider alors si ce plan lui convient.

Zones de couverture
On peut être amené à attribuer à chaque caméra une zone précise d'intervention.

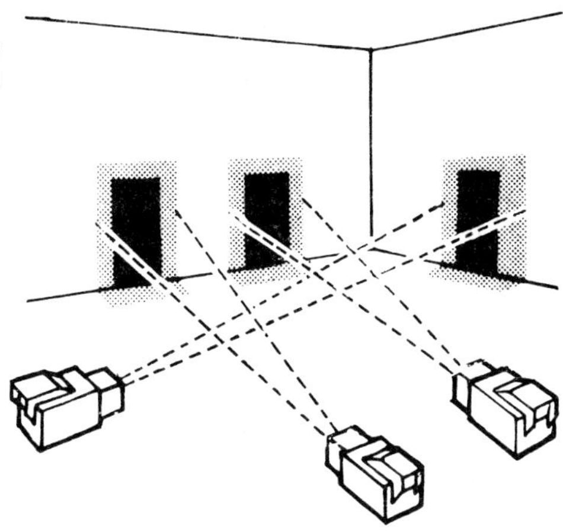

Types de couverture
On peut attribuer à chaque caméra un type de plan qu'elle ira chercher en différents endroits à la demande du réalisateur.

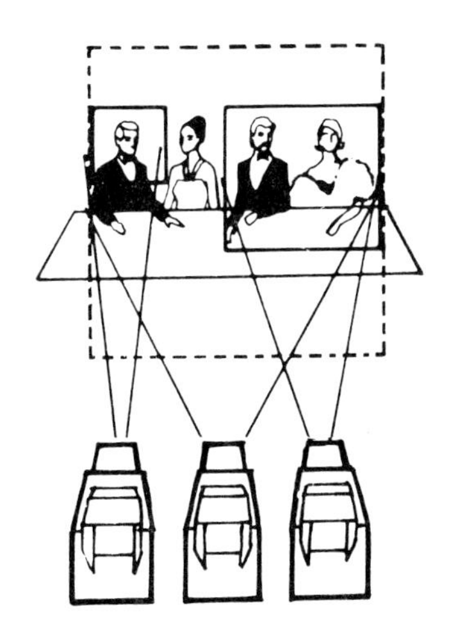

Une action inattendue
En conservant un regard à l'extérieur du viseur, vous pouvez vous rendre compte que vous êtes en train de manquer une action importante.

Quoi qu'il arrive, l'émission continue.

Attendez l'inattendu

Deux choses nous préoccupent ici : assurer la sécurité du personnel et des équipements et faire en sorte que l'*émission continue.*

Beaucoup de productions concernent des événements uniques, une seule personne inattentive, et les efforts de toute l'équipe peuvent être anéantis. Beaucoup de choses peuvent aller mal, et elles ne s'en privent pas. Si les problèmes ne vous concernent pas directement, laissez aux autres le soin de s'en sortir plutôt que d'abandonner votre propre travail.

Certains accidents sont très surprenants : un objet tombe d'une table, une ampoule explose avec un bruit épouvantable, une échelle bascule... d'autres sont moins impressionnants : un câble déplace un projecteur, un aquarium se met à fuir... Mais ils peuvent tous désorganiser le tournage.

La panique est contagieuse, et de petits contretemps peuvent engendrer des catastrophes. Si un des participants s'évanouit pendant un direct, il vaut mieux que le cadreur déplace légèrement sa caméra, pour laisser le passage, et continue sa prise plutôt que de se précipiter à l'aide. D'autres sont mieux à même de porter secours sans interrompre la diffusion.

Improvisez

Certains événements imprévus peuvent atteindre votre personne, mais pas votre fonction (par exemple si un cadreur reçoit une tarte à la crème). Si vous êtes en direct et si quelque chose vous empêche de vous déplacer pour faire votre plan suivant, improvisez de votre mieux. Un câble peut bloquer vos roues, de l'eau peut rendre le plancher glissant, un élément de décor peut avoir été déplacé, quelqu'un peut se trouver sur votre trajet... Prenez cela avec philosophie, et allez-y ! Si vous devez trouver un plan de substitution, faites en sorte qu'il s'intègre à l'ensemble de la production.

Les catastrophes mineures

Tous les opérateurs ont leurs bonnes raisons pour expliquer pourquoi la caméra était en retard dans un mouvement (elle était collée par la peinture du plancher), pourquoi elle ne s'est pas déplacée du tout (il fallait tenir un morceau de décor qui tombait)... Le meilleur compliment qu'un réalisateur puisse faire à son équipe est de lui dire qu'il ne s'est pas rendu compte qu'il y a eu des incidents.

Prévenez, c'est utile

Le cadreur s'occupe en priorité de sa caméra, mais il peut aussi prévenir les autres, par la liaison d'ordre par exemple, qu'une lampe de projecteur ne fonctionne plus, ou qu'une chaise n'est plus à sa place.

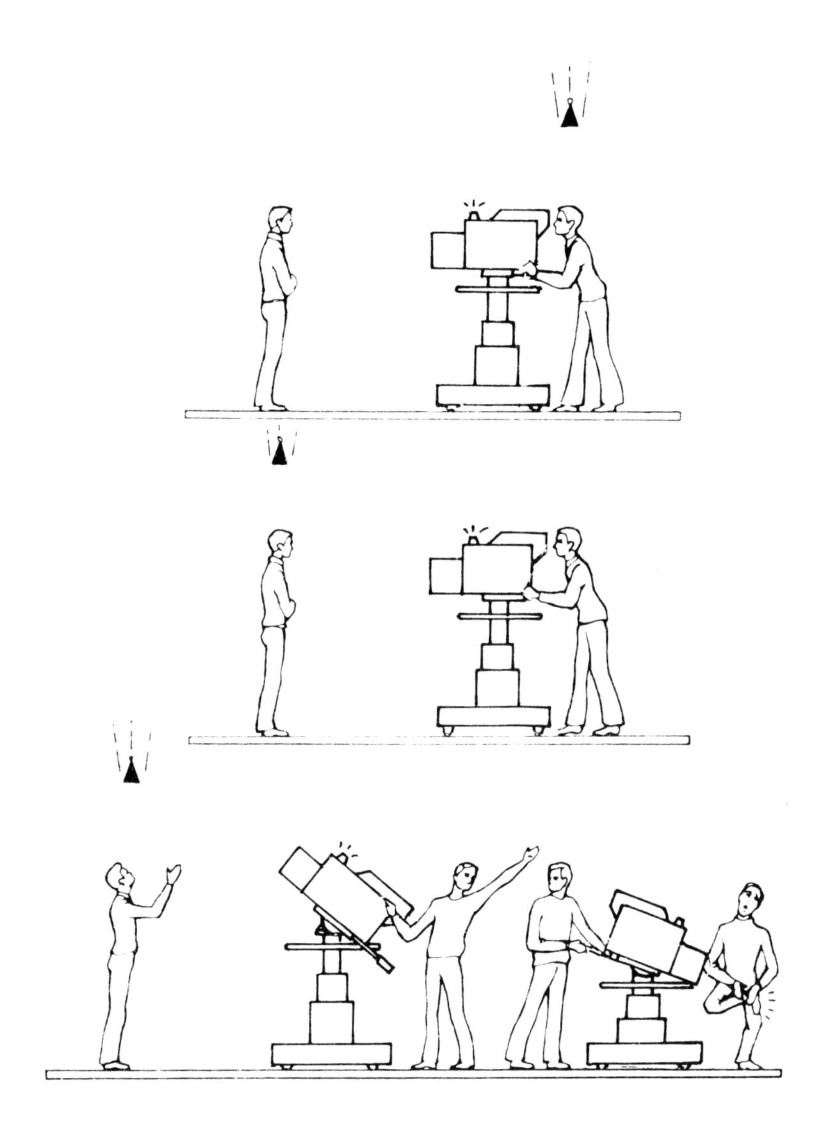

Soyez en alerte
Certains malheurs menacent l'opérateur lui-même... il doit pouvoir faire face.

Restez concentré
Les problèmes des autres ne doivent pas vous détourner de votre travail, mais il est gentil de les avertir.

Le désordre est contagieux
Les ennuis d'une seule personne peuvent en entraîner d'autres... et faire interrompre le programme.

Des problèmes durant l'émission

Tôt ou tard, même le meilleur opérateur rencontrera un problème. Essayons d'en faire le tour et d'imaginer des solutions.

1. *J'ai loupé mon plan :* cela peut arriver au meilleur,... mais que ce soit rarement. Au moment où l'on doit « envoyer » votre image, vous n'êtes pas prêt. Situation embarrassante pour tout le monde. Quelle que soit la raison de votre défaillance, elle est là. Essayez de récupérer le plus vite possible, et, en tout cas, assurez-vous de ne pas manquer le plan suivant.

2. *L'acteur n'est pas à sa place.* Même des gens très habitués au plateau, peuvent manquer leurs repères en se déplaçant. S'il s'agit d'un enregistrement, on peut refaire la prise, mais en direct, vous aurez à vous déplacer, changer de focale ou recomposer le cadre.

3. *Il est entré dans le champ.* Devant l'intrusion de quelqu'un ou de quelque chose dans votre cadre, vous avez le choix entre : l'ignorer, recadrer légèrement pour éliminer l'intrus ou encore resserrer légèrement.

4. *Il est trop près pour faire le point.* Quand un personnage vient trop près de la caméra et que vous ne pouvez plus mettre au point, reculez, élargissez le cadre, ou bien faites-le reculer.

5. *J'ai perdu le point.* Le sujet se déplace et devient flou, devez-vous corriger doucement ou brutalement ? Si l'image est seulement légèrement floue, faites une correction très progressive, si elle est complètement floue, reconnaissez le fait et corrigez très vite. En tournant la bague de mise au point légèrement « en avant » et « en arrière », vous trouverez la position correcte, mais il vaut mieux éviter de faire cela à l'antenne. Pour savoir dans quel sens faire une correction, regardez quels objets sont au point, selon qu'ils sont en avant ou en arrière du personnage, vous saurez quelle correction vous devez effectuer.

6. *J'ai attrapé un reflet.* En général, celui-ci est bien plus visible dans un moniteur couleur que dans votre viseur noir et blanc. Montez la caméra en la piquant ou protégez l'objectif, avec un volet par exemple, de la lumière.

7. *Mon câble est coincé.* Vous ne pouvez pas faire grand'chose, si ce n'est utiliser au mieux la longueur qui vous reste en attendant une coupure qui vous permette de le débloquer. Sinon, vous devrez modifier la focale pour remplacer les mouvements de caméra.

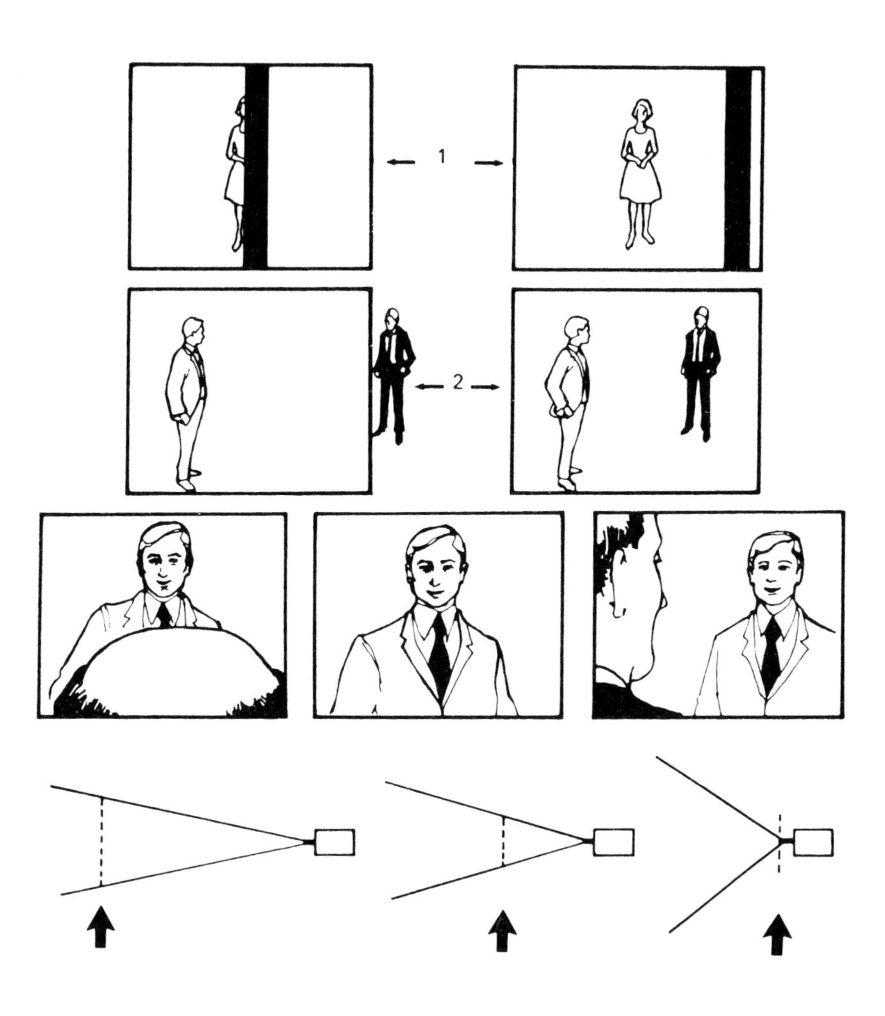

Erreurs de position
Un des participants se place dans une mauvaise position et (1) se trouve masqué par un élément de décor ou un autre personnage, ou bien (2) se trouve en dehors du champ. Un léger mouvement de caméra peut tout faire rentrer dans l'ordre.

Une intrusion soudaine dans l'image
Il peut arriver que quelqu'un proche de la caméra entre accidentellement dans le champ. Vous pouvez modifier le cadre ou bouger la caméra, ou encore choisir délibérément de le faire entrer dans la composition de l'image.

Distance minimale de mise au point
Si un sujet se déplace jusqu'à une distance inférieure à la distance minimale de mise au point, vous pouvez reculer, faire un zoom arrière, déplacer le sujet... ou encore accepter de perdre le point.

Aider les participants au programme

Les cadreurs peuvent faire beaucoup pour mettre les participants à l'aise. Qu'il soit comédien expérimenté ou nouveau venu sur un plateau, celui qui se retrouve face à une caméra ressent une impression d'isolement l'envahir. Sans empiéter sur le rôle de l'assistant ou celui du chef de plateau, le cadreur peut se rendre discrètement utile à ce moment-là.

Le cadreur doit avoir avant tout beaucoup de diplomatie. Même le travail de professionnels peut se désagréger sous le regard de busard d'une équipe de plateau indifférente. Un sourire amical peut être contagieux.

Conseillez le nouvel arrivant

Beaucoup de ceux qui se retrouvent devant une caméra ne connaissent rien aux techniques de la télévision et seraient heureux qu'on leur indique comment ils peuvent collaborer avec le cadreur pour que les plans soient les meilleurs possibles. Même des journalistes ou des démonstrateurs expérimentés peuvent ne pas réaliser les problèmes qu'ils posent. C'est alors que le cadreur peut être utile en indiquant aux participants comment ils peuvent aider à réaliser de bonnes prises.

Il y a nombre de points sensibles à souligner.

1. Ne pas déplacer trop rapidement un objet en gros plan, il risque de ne pouvoir être suivi.
2. Ne pas masquer accidentellement une partie de l'objet présenté.
3. Ne pas projeter d'ombre sur un détail important.
4. Éviter de se placer entre le sujet et la caméra.
5. Présenter un objet brillant de manière à éviter les reflets.
6. Apprendre à travailler, en gros plan, dans une zone limitée par la profondeur de champ, en surveillant des repères précis.

Il peut se faire qu'en se levant ou s'asseyant d'une manière particulière, en cachant des marques de position sur le sol, un des participants puisse vous tirer d'embarras ; encore faut-il le lui avoir expliqué.

Donnez des indications au réalisateur

Il est parfois pratique de diriger une prise de vue multi-caméra du plateau lui-même, en particulier pour les répétitions, mais en général le réalisateur préfère se trouver en régie et diriger les opérations en regardant uniquement les moniteurs de contrôle qui lui donnent l'image de chaque caméra.

Des problèmes peuvent arriver qui, évidents sur le plateau, sont totalement ignorés du réalisateur en régie. Un plan large d'une caméra peut indiquer qu'il y a problème, par exemple qu'un comédien est au bord d'une estrade et qu'il ne peut pas faire les deux pas en avant qu'on lui demande.

Rappelez-vous qu'il y a un télé-promptor

Lorsque l'un des participants doit lire un texte sur un télé-promptor, essayez de penser à lui faciliter la tâche, en vous assurant que votre caméra est à une distance de lecture correcte, et qu'elle n'est pas trop haute, ce qui le forcerait à lever la tête pour lire au risque d'être ébloui par un projecteur.

Mettez-les à l'aise
Un mot gentil, un petit conseil peuvent mettre à l'aise un participant peu habitué aux plateaux de télévision.

Indiquez bien les problèmes
Les participants peuvent rencontrer des difficultés qui ne sont aucunement évidentes au réalisateur en régie.

Indiquez les limites du cadre
Si les participants doivent se maintenir dans un cadre étroit, montrez-leur bien les limites à ne pas dépasser. Ces indications seront utilement données en utilisant un moniteur.

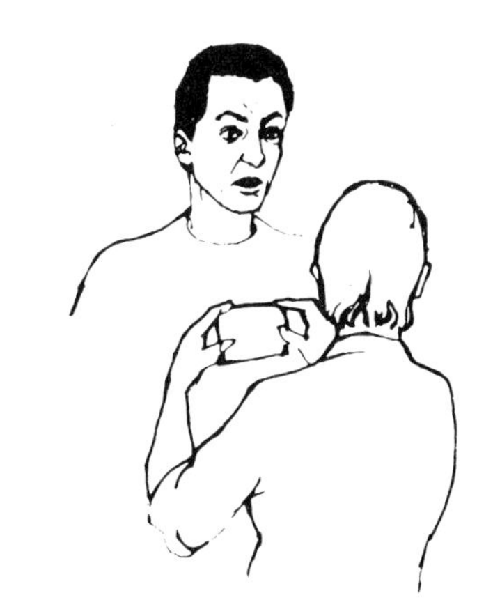

Rappelez-vous l'existence du télé-promptor
Assurez-vous que vous êtes assez près pour qu'on puisse le lire facilement.

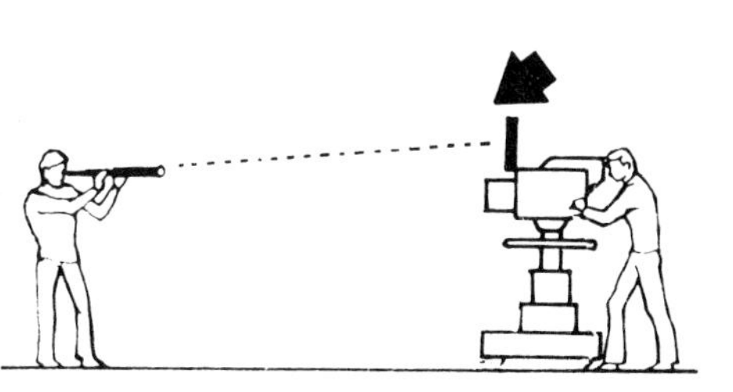

Comment aider à faire l'éclairage

L'image que vous envoyez est le produit d'un ensemble de compétences individuelles. La précision avec laquelle vous allez la cadrer influera grandement sur l'impact que ce travail pourra avoir.

Le travail du cadreur interprète l'éclairage

Si vous choisissez de tourner autour du sujet pour trouver un meilleur point de vue et que le réalisateur « achète » cette prise, doit-on parler d'initiative ou de réinterprétation du travail d'autrui.

Le directeur de la photo peut ne pas apprécier ce changement ; son contre-jour a été soigneusement réglé pour donner un effet de halo du point qui était prévu et non pour devenir un brutal éclairage frontal. Le décorateur qui n'envisageait pas un tournage suivant cet axe, doit modifier son travail, l'*ingénieur du son* se retrouve avec des ombres de perche quand il tente de prendre le son dans ce nouveau dispositif.

L'effet de toute source lumineuse sur un sujet change selon le point de vue et cela a été pris en compte lors du réglage des lumières. Rappelez-vous qu'il est beaucoup plus simple de déplacer une caméra ou un comédien que de modifier un éclairage et un dispositif scénique pour satisfaire à un nouvel angle de prise de vue. Toute modification prend du temps et peut contrarier le déroulement des plans suivants.

Les principaux risques liés à l'éclairage

Résumons les problèmes principaux liés à l'éclairage qui peuvent affecter le travail du cadreur.

1. Les *ombres caméra.* La caméra peut porter des ombres sur le sujet ou sur une partie visible du plateau.
2. *Les reflets dans l'objectif.* Ils sont souvent peu visibles dans le viseur noir et blanc. On peut les éviter en réglant la hauteur de la caméra, en prenant un pare-soleil plus grand, en plaçant un volet sur un projecteur.
3. *Les réflexions indésirables.* Les reflets des lampes sur des surfaces brillantes (comme une vitre) ou vernies peuvent souvent être évitées en modifiant légèrement la hauteur de la caméra ou sa position (sinon, il faut changer la hauteur ou l'inclinaison de la surface réfléchissante ou du projecteur).
4. *Les ombres sur un graphique.* Lors d'un tournage de graphiques ou de cartons de titres, éclairés d'en haut, vous pouvez, en général régler la hauteur de la caméra afin d'éviter un éclairage non uniforme.
5. *Modifier la direction effective de l'éclairage.* L'éclairage de base est orienté pour faire un angle compris entre 10° et 40° par rapport au regard du personnage. Si la caméra tourne autour du personnage et si celui-ci continue à la regarder, son éclairage se trouve modifié (renforcé ou atténué).
6. *Des projecteurs dans le champ.* Une caméra peut très facilement attraper un contre-jour, surtout si elle est basse. Lorsque cela se produit, n'oubliez pas que vous risquez de brûler le tube qui sera définitivement marqué.

Combat entre le cadre et l'éclairage
Si, pour améliorer son cadre, l'opérateur au lieu de se placer comme prévue en (1), se déplace en (2), il bouleverse l'éclairage. Ici, le contrejour devient un éclairage de face.

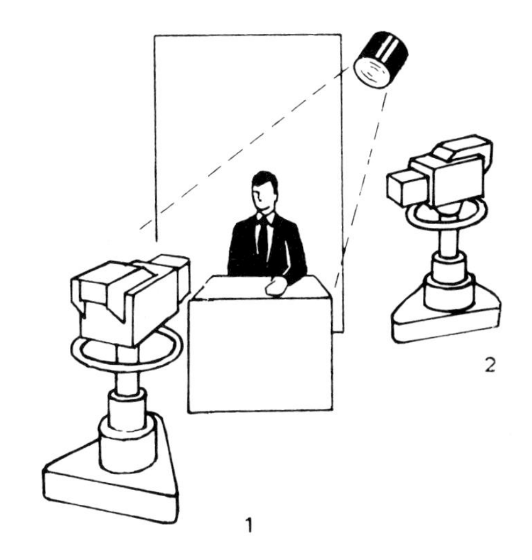

Les ombres de caméra
Une caméra très proche du sujet risque de porter des ombres sur celui-ci. En utilisant une focale plus longue, on résout le problème en éloignant la caméra.

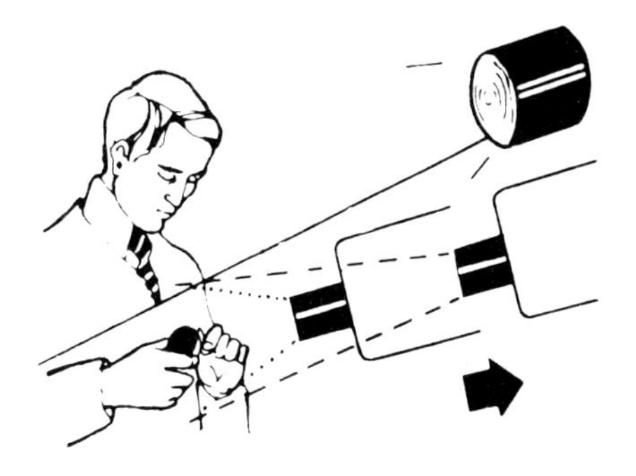

Les reflets dans l'objectif
Un pare-soleil pour zoom est surtout efficace aux grands angles d'objectif. Aux angles étroits, des reflets peuvent apparaître. Il suffit souvent d'un simple morceau de carton fixé avec un adhésif pour les éliminer.

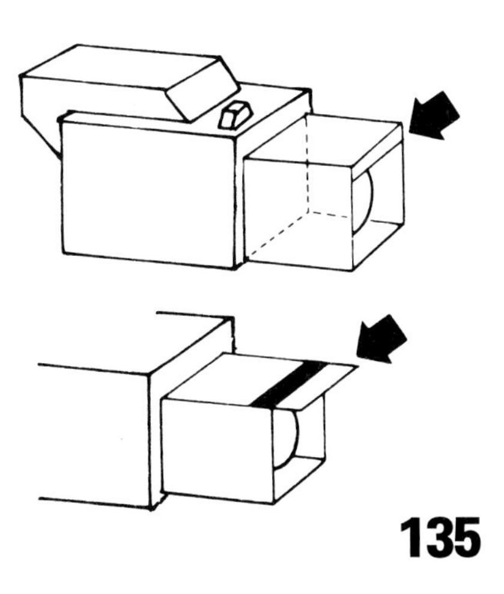

Le cadreur et le preneur de son doivent coopérer.

Comment aider à la prise de son

Bien que l'on puisse voir très souvent des microphones dans le champ, il existe des types de programme, comme les dramatiques, pour lesquels on ne peut se permettre de laisser un micro apparent sans risquer de détourner l'attention des spectateurs.

Les techniques de prise de son
Dans une prise de son de qualité, la distance du micro au sujet doit correspondre au cadre choisi (il faut que la perspective sonore colle à celle de l'image) ainsi qu'aux qualités acoustiques du lieu.

La manière la plus simple de tenir un micro mobile est d'utiliser une perche télescopique (qui ressemble à une canne à pêche). Le micro est fixé à son extrémité par une suspension élastique. Le preneur de son tient l'ensemble hors du champ, soit en-dessous, soit en-dessus du cadre, il fait de son mieux pour suivre les mouvements en évitant les ombres dues au micro.

Les girafes
La *petite girafe* est utilisée pour des prises de vue fixes ou légèrement mobiles ; la *grande girafe* est utilisée pour des actions plus amples. Le bras horizontal de la girafe, équipé de contrepoids, est supporté par une colonne centrale montée sur un support roulant. Le preneur de son règle l'extension du bras et l'oriente pour placer le micro, fixé à son extrémité, à la distance correcte de la source sonore, puis il pointe le micro dans la bonne direction.

Le travail de la caméra et de la girafe doivent être coordonnés. Si la voix est faible, le preneur de son doit rapprocher son micro de celui qui parle, l'opérateur doit alors resserrer son cadre pour éviter le micro. Inversement, si le cadreur doit « laisser plus d'air » autour du personnage, c'est au preneur de son d'éloigner son micro pour que la prise soit possible.

En résumé, le cadreur peut aider le preneur de son.

1. En s'arrangeant pour tenir le micro hors champ grâce à un cadrage précis.
2. En évitant de montrer des ombres de micro qui peuvent être portées sur un personnage ou sur le décor.
3. En coordonnant ses déplacements avec ceux de l'équipe son. L'espace est restreint et ils peuvent arriver à se boucher mutuellement le passage.

Bien que les ombres de girafe soient un sujet de conflit entre le directeur de la photo et le preneur de son, le cadreur peut contribuer à résoudre le problème en choisissant une position et un cadre astucieux.

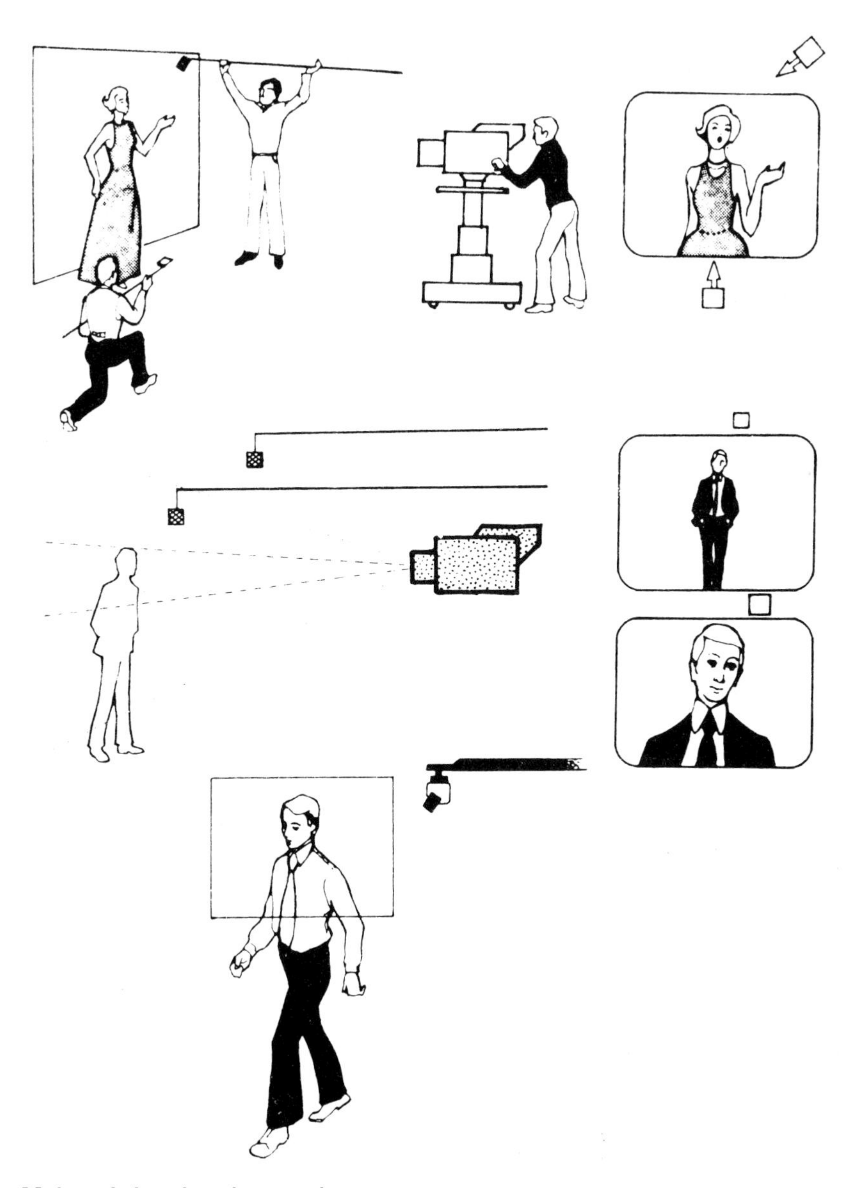

Maintenir le micro hors cadre
Le preneur de son cherche à placer son micro aussi près que possible du comédien tout en évitant de le laisser pénétrer dans le cadre ou de provoquer des ombres. L'opérateur doit régler sa prise pour lui venir en aide.

L'équilibre du son et de l'image
Le preneur de son positionne son micro selon la dimension du plan. Des plans serrés exigent un micro proche. Pour des plans plus larges, le micro doit se trouver plus éloigné. Ainsi la *perspective sonore* correspond à celle de l'image.

Éviter les ombres de micro
Un cadrage adroit permet d'éviter des ombres de micro sur l'arrière-plan.

Votre plan est-il prêt ?... Êtes-vous sûr de ne plus être à l'antenne ?

Le cadreur et la régie

Le *pupitre de production* (*mélangeur et commutateur vidéo*), dans la régie, permet de choisir une des images provenant de plusieurs sources vidéo ou de les mélanger selon les intentions du réalisateur.

Ce pupitre peut être tenu par le *réalisateur* lui-même, ou par un *ingénieur : le directeur technique,* ou encore par un spécialiste : *le truquiste.*

Le cadreur peut aider la régie

Lorsque vous travaillez dans une production à plusieurs caméras, avec de nombreux changements de plans et des passages fréquents d'une caméra à l'autre, il faut que vous vous entendiez très bien avec ceux qui sont en régie, sinon, la frustration sera réciproque.

Dans une production un peu « enlevée » disposant de peu de caméras, il faut conserver la tête froide pour trouver rapidement un plan, pour en assurer la mise au point et la composition instantanément, afin qu'il soit prêt à passer en final. Si la personne au pupitre « prend » une caméra trop rapidement, on risque d'envoyer une mauvaise image (floue, mal cadrée, bougeant...) ; si le cadreur tarde à assurer sa prise, l'action peut s'être déplacée, le personnage près de la porte est maintenant sorti... !

Chaque fois que l'image d'une caméra est à l'antenne, une *lampe rouge de signalisation antenne* s'allume sur le haut de la caméra, en même temps qu'un voyant dans le viseur. Lorsque cette lumière s'éteint, vous n'êtes plus à l'antenne et vous pouvez vous déplacer jusqu'à votre nouvelle position.

Il est particulièrement important de surveiller ce voyant de signalisation antenne quand votre image est combinée avec celle d'autres caméras (surimpression, médaillon, volet, incrustation, titre...). Tout mouvement non programmé détruira l'image composée.

Quand votre image est en *fondu enchaîné* avec une autre, veillez bien à ne pas la modifier avant que l'effet soit terminé. L'effet, sinon, deviendrait trop confus.

La régie peut aider le cadreur

Des indications précises provenant de la régie peuvent aider les cadreurs aux moments difficiles... « Bientôt la 2... On reste sur la 3... » Il faut que le réalisateur sache attendre qu'un cadreur, mis à rude épreuve, et qui a eu un minimum de temps pour se déplacer puisse assurer son cadre avant de se retrouver à l'antenne.

Fixez rapidement votre cadre
Vous devez régler rapidement vos prises, surtout si les mouvements de caméra doivent être rapides. Tant que le plan n'est pas parfaitement établi, le réalisateur ne peut le prendre.

Attendez bien de ne plus être en final
Ne vous déplacez pas vers une nouvelle position si vous n'êtes pas sûr de ne plus être « à l'antenne ». Il faut que la régie aie commuté sur une autre caméra et que votre voyant antenne soit éteint.

A toi dans un instant
Le réalisateur peut aider l'opérateur en l'avertissant qu'il est sur le point de l'envoyer à l'antenne.

Le reportage

Le *reportage* est aujourd'hui utilisé aussi bien pour le journalisme, les tournages d'extérieurs pour des productions réalisées en studio, que pour des conférences, des expositions, des événements sportifs ou des retransmissions d'opéras. Les conditions et les lieux de tournage peuvent donc être très divers : stades, zones industrielles, églises, théâtres, champs de course...

La vie d'un opérateur travaillant dans une équipe de reportage est bien différente de celle de ses collègues de studio. En studio, l'équipe est très liée et ses membres restent en vue les uns des autres. En extérieur, les caméras peuvent se trouver très éloignées les unes des autres, et les opérateurs sont isolés par cette distance même.

La complexité des tournages en reportage peut être très variable. Un opérateur peut travailler en tant qu'équipe mono-caméra indépendante, il peut être relié à un petit car de reportage à deux caméras, ou faire partie d'une équipe plus large dirigée depuis un camion régie complètement équipé.

Les caméras, sur *leur trépied,* peuvent se trouver, en reportage, dans des positions très diverses : sur des plateformes fixes ou hydrauliques, sur un balcon, sur un toit, ou bien encore au milieu des passants sur un trottoir.

Si la caméra doit être mobile, on utilisera des trépieds à roulettes, des pieds de studio, des grues légères ou, pour une caméra tenue à la main, un *harnais spécial destiné à en accroître la stabilité : le Steadicam.*

Le point de vue de l'opérateur

Les tournages en extérieur, font toujours appel à l'improvisation, car l'imprévu en est la règle. Lorsque la caméra se trouve loin du camion régie, en particulier, le réalisateur doit pouvoir compter sur l'opérateur, utiliser ses initiatives pour trouver des plans, tout à fait imprévisibles, d'une attitude particulièrement gracieuse ou d'un drame inattendu survenant en une fraction de seconde. C'est alors qu'une bonne émission devient une grande émission.

La largeur de champ

On utilise, en général, en extérieur, des couvertures angulaires plus serrées qu'en studio. Il est rare qu'on puisse obtenir d'une autre manière des gros plans. On couvrira des angles compris entre 20° et 0,5° (à comparer avec les 50° – 5° utilisés en studio). La tenue de caméra en est rendue délicate. La profondeur de champ est très limitée. Lorsque l'on se trouve loin du sujet ou bien qu'il y a un fort vent, il peut devenir indispensable de bloquer complètement la tête du pied.

Les conditions d'éclairage peuvent varier fortement en reportage, depuis le soleil brillant qui entraînera l'utilisation de filtres gris neutre jusqu'à des pénombres qui vous forceront à ouvrir à fond pour essayer de vous en tirer.

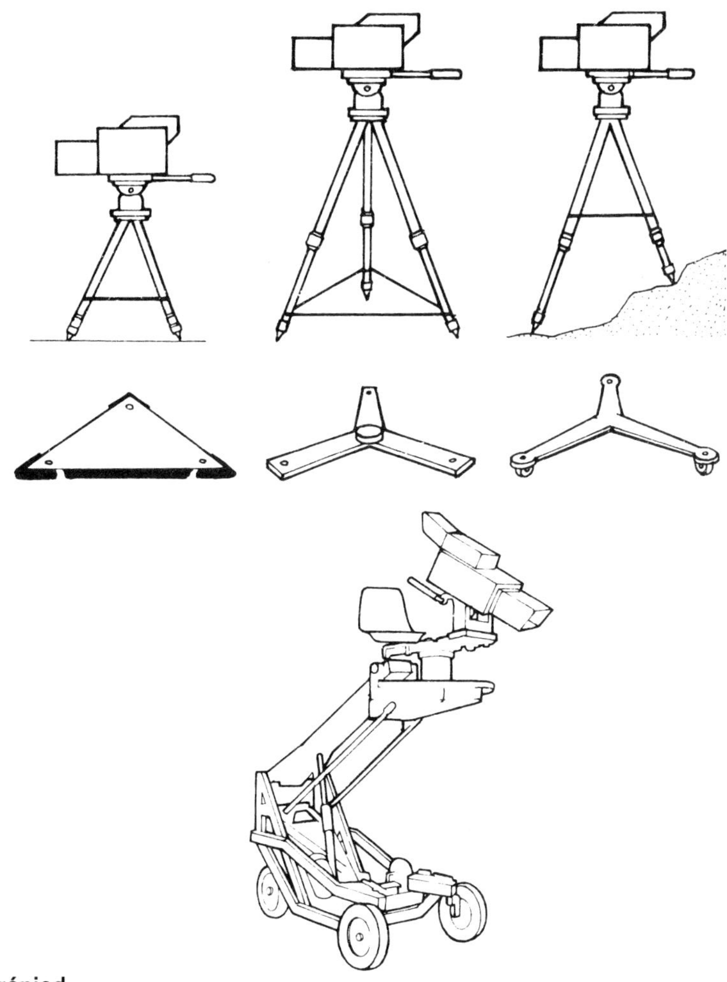

Le trépied
En extérieur, le trépied est un support de caméra pratique et adaptable facilement. Pour éviter qu'elles ne s'écartent on peut relier ses jambes par une chaîne ou un fil. On peut le lester pour en accroître la stabilité. Sur un sol rugueux, les pointes de ses pieds empêchent les dérapages. La hauteur de caméra doit être choisie à l'avance.

La base du trépied
Pour éviter des dommages au sol et prévenir des glissements, le trépied est fixé sur un triangle ou une étoile. On peut fixer à un trépied robuste un support métallique à roulettes qui permet des déplacements si le sol est bien égal.

Les dollys
De petites dollys à roues équipées de pneumatiques procurent une meilleure mobilité (les chariots de studio ont habituellement des bandages pleins, mais ceux-ci révèlent toutes les inégalités du terrain). Des dollys plus élaborées possèdent un bras mobile pneumatique, hydraulique ou électrique.

Les mouvements en extérieur

Les ensembles vidéo portables ont aujourd'hui une grande liberté de mouvements et sont très utilisés en reportage d'actualités, d'événements sportifs... etc...

Les camescopes constituent un ensemble intégré comprenant une caméra et un magnétoscope, mais la plupart des caméras utilisent un magnétoscope séparé transporté dans une sacoche, un sac à dos, tiré sur un petit chariot ou placé dans un véhicule proche. La distance maximum à laquelle peut s'éloigner la caméra dépend du type de câble utilisé pour la relier au magnétoscope (multibrins, coaxial, fibre optique). Les câbles les plus légers, ont, bien entendu de multiples avantages ; moins encombrants, ils sont plus faciles à transporter et à disposer (on peut les suspendre ou les fixer sur un mur).

La caméra à l'épaule

Bien que la plupart des caméras légères soient tenues à l'épaule, il devient fatigant, au bout d'un certain temps, de les utiliser. Même avec l'aide d'une crosse de poitrine, il est impossible de garder une caméra bien immobile pour de nombreux plans, tout spécialement si l'on doit utiliser une longue focale pour s'approcher du sujet. Vos propres mouvements (la respiration, le battement cardiaque, la fatigue musculaire) sont amplement suffisants pour rendre l'image instable.

Si la scène est complètement fixe, le balancement de la caméra monopolise l'attention, en revanche dans une scène très animée, le spectateur prêtera peu d'attention à ces secousses. Tout à fait inacceptable dans une scène un peu rigide, une légère instabilité peut ajouter à l'authenticité d'un entretien dans la rue.

Si vous devez tourner en marchant, repérez bien les obstacles qui peuvent se trouver sur votre chemin ; ce peut être un sol inégal, des câbles, un tapis, une marche, un élément de mobilier un peu bas, un plancher mouillé... Certains opérateurs, tout en visant, conservent leur deuxième œil ouvert, afin de pouvoir continuer à surveiller les alentours.

N'oubliez pas que si vous prenez du son, vous risquez bien d'enregistrer en priorité le bruit de vos propres pas.

Il est toujours possible de simuler un déplacement en utilisant le zoom, mais vous aurez des problèmes de point et de tenue de caméra aux longues focales, problèmes particulièrement cruciaux avec une caméra tenue à la main.

L'utilisation du trépied

Cela peut paraître une corvée que de transporter un pied, mais vous serez vite bien content de le trouver pour réaliser grâce à la stabilité qu'il apporte des plans fixes d'assez longue durée. Disons quelques mots sur la manière de maîtriser ces pieds qui ont la fâcheuse habitude de n'en faire qu'à leur tête.

1. Un trépied peut se trouver déséquilibré si ses jambes ne sont pas assez écartées ou si elles sont mal réglées, tout spécialement sur un sol inégal.

2. Si votre pied n'est pas très solidement attaché, ou bien lesté, ne laissez jamais votre caméra sans surveillance. Si la tête n'est pas bloquée, la caméra peut basculer et entraîner le pied.

3. Les extrêmités des jambes peuvent être de deux sortes : avec des pointes qui s'accrochent bien sur un sol rugueux (mais qui risquent de glisser sur d'autres surfaces et qui peuvent les endommager), avec des embouts de caoutchouc utilisables pour les planchers fragiles.

4. Vérifiez bien que le pied est équilibré et de niveau. Faites un panoramique horizontal, s'il a tendance à baisser, c'est que le pied n'est pas de niveau, il ne vous reste qu'à régler la longueur des jambes.

5. Il faut normalement étendre les jambes du pied complètement, sauf bien entendu, si vous devez compenser les irrégularités du sol (par ex. dans un escalier).

6. Pour augmenter la stabilité du pied et l'empêcher de s'enfoncer dans le sol, vous pouvez le fixer sur un « triangle ».

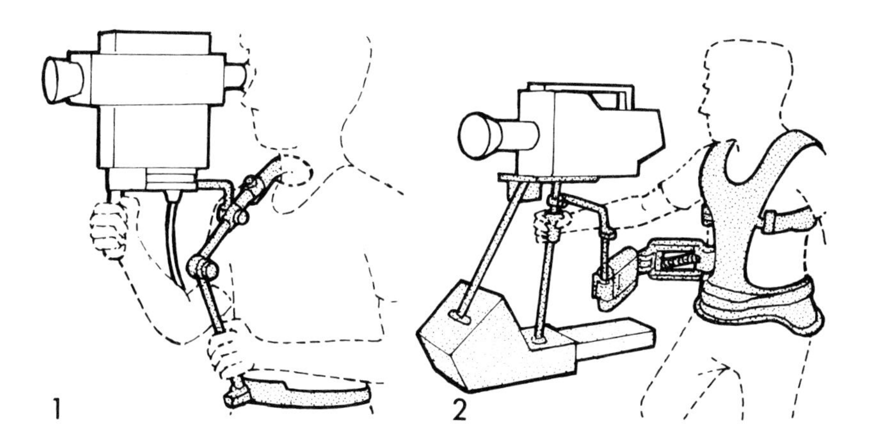

Les supports de caméras légères

Pour augmenter la stabilité des caméras tenues à la main, on utilise un support prenant appui sur la poitrine ou la ceinture ou un harnais plus élaboré équilibrant la caméra par des ressorts (Steadicam ; Panaglide).

La lumière en extérieur

Il faut faire très attention pour éviter que la lumière dont on dispose ne conduise à des images épouvantables.

L'intensité lumineuse
Lorsque la lumière est insuffisante, vous pouvez toujours augmenter le gain vidéo pour obtenir une image plus contrastée et plus lumineuse (mais vous augmenterez le bruit vidéo), cette augmentation de gain n'améliorera pas le rendu des détails dans les ombres.

L'éclairage complémentaire le plus simple (si l'on excepte le réflecteur) est constitué d'une torche de 100 à 1 000 watts, tenue à la main ou fixée à la caméra, alimentée soit par une batterie, soit reliée au camion. Il suffit parfois d'allumer un simple lampadaire ou de remplacer l'ampoule d'une lampe de bureau par une plus puissante pour obtenir un éclairage correct.

Si le contraste est excessif, (par exemple soleil brillant et ombres profondes), vous ne pourrez exposer simultanément, d'une manière correcte, les parties claires et les parties sombres. Si vous ne pouvez éclairer les ombres, essayez d'éviter de cadrer les parties les plus éclairées.

N'utilisez pas l'*iris automatique* lorsque vous tournez dans des zones très éclairées, car ce dispositif *fermerait le diaphragme* et le sujet principal risquerait de se trouver sous-exposé. En tirant les rideaux devant une fenêtre, en changeant votre angle de prise de vue, vous réussirez souvent à éviter ce type de plages brillantes. Vous serez même amenés à privilégier un point de vue qui corresponde à un bon éclairage plutôt qu'à une belle image, mais si vous pouvez déplacer le sujet lui-même pour qu'il soit bien éclairé, c'est encore beaucoup mieux.

La direction de la lumière
La direction de la lumière modifie l'aspect des choses. Une lumière provenant de la direction de la caméra (*lumière frontale*) atténue la texture et le modelé. Une lumière venant de côté (*lumière frisante*) renforce textures et contours, elle peut même « couper » les visages en deux d'une manière pénible. Une lumière dirigée vers la caméra (*contre-jour*) détache le sujet du fond, l'entoure d'un halo et révèle ses transparences.

La température de couleur
La température de couleur de la lumière affecte le rendu colorimétrique de l'image. A l'une des extrémités de la gamme (*faible température de couleur*) on trouvera la lumière jaune orangée d'une bougie, à l'extrémité supérieure (*température de couleur élevée*) la lumière bleutée du jour.

Si votre *balance de couleur* (les proportions de bleu, rouge et vert) ne peut s'adapter à la lumière utilisée, vous aurez une dominante de couleur. La *balance des blancs* (ou la balance automatique) permet de compenser ces dominantes, sauf si plusieurs types de lumières sont mélangés.

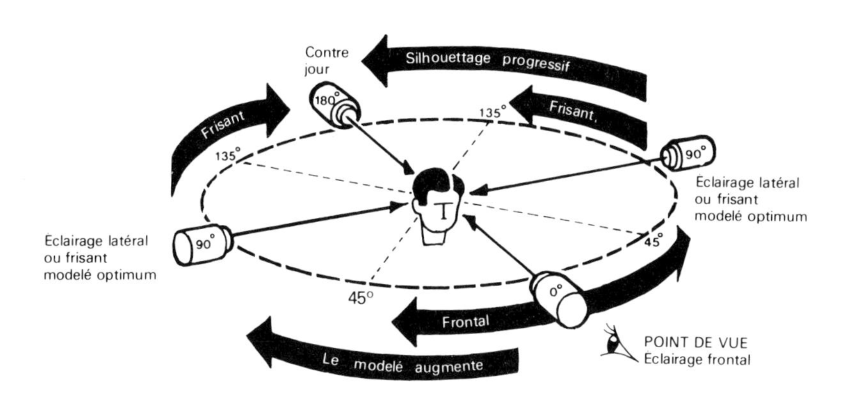

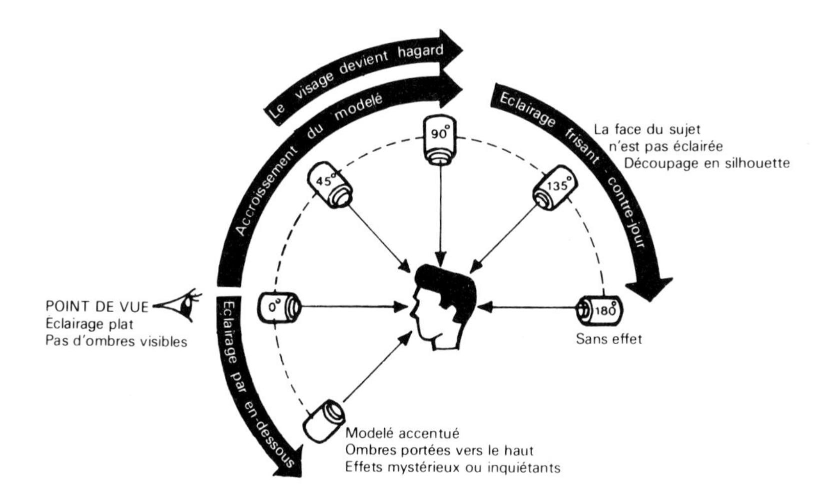

Les angles d'éclairage
L'effet de la lumière varie selon l'angle sous lequel elle éclaire le sujet. Cet angle est modifié aussi bien par un mouvement de la caméra que par un déplacement de la source de lumière. L'œil, sur le schéma, représente la position de la caméra.

Les grues

Pour le travail courant en studio, un pied de studio classique est un instrument très souple et très économique. L'opérateur peut le déplacer facilement, même dans un espace réduit, tout en ajustant la hauteur de la caméra. Dans une production plus importante où le réalisateur désire des hauteurs de caméra importantes (pour voir des personnages par dessus un premier plan) une grue pour caméra devient nécessaire.

Les petites grues
Plusieurs types de petites grues ont été conçues pour le cinéma et adaptées pour la télévision. Les opérations sont manuelles (elles sont appelées en français « dollys » alors que le même terme désigne en anglais tous les types de supports roulants NdT). Elles ont un bras mobile fixé sur une plateforme aux roues orientables. Dans certains modèles le bras peut être orientable en site dans toutes les directions. La hauteur du bras sur lequel est assis le cadreur est ajustable soit par crémaillère à manivelle, soit à l'aide d'un système à contrepoids. La hauteur varie entre 1 et 2 m (parfois plus). Le porte-à-faux du bras permet à la caméra de se placer au-dessus de certains obstacles, comme une table.

La grue demande un large espace pour se déplacer et exige la présence de deux ou trois machinistes pour assister l'opérateur ; c'est le prix de la flexibilité d'utilisation. Pendant que les machinistes s'occupent de déplacer la grue et d'élever le bras, l'opérateur s'occupe de sa caméra, il dirige les machinistes par des gestes de la main.

Les grues standard
Ces grues importantes et robustes ont été utilisées depuis longtemps dans tous les studios. Elles sont électriques. La caméra fixée au bout du bras à contrepoids peut aller de 60 cm à trois mètres environ. La caméra peut panoramiquer sur 180°, le bras lui-même pouvant tourner sur 360°. L'équipe comprend trois personnes : le cadreur et deux machinistes, l'un pour diriger les déplacements, l'autre pour bouger le bras. Un système de moniteur, d'intercom, sans oublier les gestes de la main permet à l'équipe de coordonner son travail.

Des consignes de sécurité très strictes doivent être respectées, car dans la tension du travail, on a tendance à oublier l'environnement et la grue a vite fait de dépasser la zone qui lui est impartie.

Les grues motorisées
Des grues motorisées ont été mises au point. Il n'y a plus d'efforts physiques et l'équipe est réduite au cadreur et un assistant. En général le cadreur dispose de pédales pour commander la hauteur du bras et la rotation de sa plateforme ; l'assistant se contente de diriger le déplacement et d'en régler la vitesse.

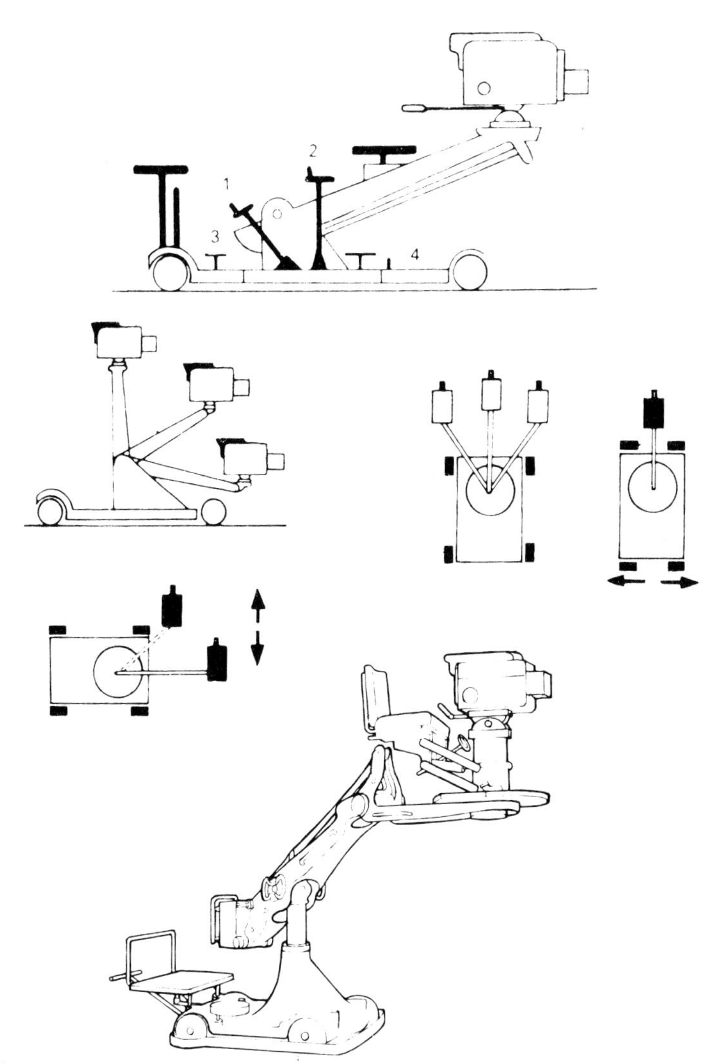

Petites grues
L'opérateur est assis à cheval sur le bras. La grue est poussée par un machiniste qui la dirige à l'aide d'un manche ou d'un volant. Une manivelle (1) permet de régler la hauteur de la caméra. (S'il existe une plateforme centrale permettant l'orientation du bras en rotation celle-ci est commandée par une autre manivelle (2)). Des blocages manuels (vérins) permettent d'immobiliser l'ensemble. Encombrement au sol classique 1,2 m × 2 m.

Les mouvements de grue
En plus des mouvements propres à la tête caméra, la grue peut se déplacer en avant ou en arrière ou encore en travelling latéral ; le bras peut se lever ou s'abaisser, tourner à gauche ou à droite.

Les grues standard
Encombrement au sol 1 m × 1,8 m. Longueur totale 4,25 m. Déplacement électrique (8 km/h). Le bras central, orientable, est équilibré par des poids disposés dans un panier ; il est fixé sur une colonne dont la hauteur est réglable.

Préparez-vous pour la prochaine fois.

Soins à la caméra

A la fin de la journée, on est toujours tenté de ranger le matériel aussi vite que possible pour passer à des occupations plus intéressantes. Un opérateur avisé se souvient qu'il trouvera demain matin son matériel dans l'état où il l'a laissé ce soir. Rien n'est pire que de commencer la journée avec un matériel non préparé. Laissez un câble dans un coin, et la nuit le transforme mystérieusement en un écheveau embrouillé.

Vérifications de routine

La nature humaine étant ce qu'elle est, les vérifications de routine sont bien embêtantes, mais elles finissent, à terme, par être payantes. Aussi, vous avez intérêt à prendre l'habitude de vérifier quelques points lorsque vous avez coupé la caméra.

1. *Tête panoramique :* Débloquez-la, assurez-vous du fonctionnement correct en vertical et en horizontal. Desserrez les frictions, la tête est-elle douce ? Faut-il un nettoyage et une lubrification ? Si un accessoire lourd a été enlevé (télé-promptor ou porte caches) ; la caméra n'est-elle pas déséquilibrée vers l'arrière ?

2. *Colonne du pied :* Débloquez-la, vérifiez son mouvement, souvenez-vous que si un télé-promptor est enlevé, la colonne sera difficile à baisser.

3. *Objectif :* Avant de mettre le bouchon d'objectif, vérifiez la face avant, n'y a-t-il pas de la poussière ou des traces de doigts ? Les lentilles ont une très fine couche anti-reflets qui réduit la diffusion dans l'objectif et améliore la qualité de l'image. Cette couche est très fragile, aussi ne frottez pas la surface des lentilles, utilisez un pinceau spécial ou bien une bombe d'air comprimé pour les dépoussiérer. Ce n'est que si vous n'obtenez pas un résultat convenable que vous utiliserez un tissu spécial imbibé de liquide nettoyant pour objectif.

4. *Tête caméra :* Est-elle propre ? La poussière et la crasse ont vite fait de s'installer. Avez-vous rencontré des problèmes mécaniques ou électroniques dont il faut s'occuper maintenant ? Les différents réglages (mise au point, zoom, voyants...) ont-ils fonctionné correctement ? Le viseur est-il en état ? (définition, contraste, linéarité, retour trucage...) La transmission d'ordres fonctionne-t-elle correctement ?

5. *Monture de caméra :* Avez-vous eu des problèmes (montée ou descente, direction, moteur...). Vérifiez la propreté générale du chariot, y compris les pneus. Des morceaux de plastique ou de tapis qui resteraient collés peuvent provoquer des cahots ; de l'huile ou de la graisse, un dérapage. Vérifiez l'attache du câble pour vous assurer qu'il n'est pas fixé trop lâche ou trop haut...

6. *Câble :* Après vous être assuré que tout est coupé, débranchez le câble, vérifiez que les prises portent leur bouchon, et rangez-le proprement. La meilleure méthode consiste à l'enrouler en huit sur une toile qui permet de le faire glisser ou de l'enrouler sur un tambour. Placez les housses sur l'ensemble des appareils.

7. *Rangement :* Dans de nombreux studios, les caméras demeurent sur le plateau en fin de journée. Cependant, si le décor doit être modifié, il est plus prudent de pouvoir les entreposer dans un endroit un peu à l'écart.

Soins aux caméras portables
Il est facile de devenir désinvolte et sans soin avec les caméras légères, tout spécialement si la pause intervient après une longue période de tournage. Quel soulagement de poser la caméra ! Mais où la poser ? C'est un instrument vraiment délicat, souvenez-vous en. Elle n'aime ni la poussière, ni l'eau, ni la chaleur, ni l'humidité... ! L'objectif se couvre vite de buée ou de poussière. Le sable s'infiltre dans les endroits fragiles qu'il peut rayer. C'est un bon principe que de ranger la caméra dans sa valise ou de la bloquer sur son pied solidement fixé lorsque vous ne l'utilisez pas. Le soin que vous prenez d'elle aujourd'hui payera demain.

Ne déconnectez pas la caméra avant d'avoir fini le tournage. Quand vous retirez le câble mettez des bouchons ou des sacs de plastique à ses extrémités pour éviter qu'il ne soit endommagé ou mouillé. Quand vous enroulez le câble, veillez à ce qu'il ne fasse ni nœuds ni boucles et qu'il ne traîne pas sur le sol. Bien qu'il existe des enrouleurs très pratiques, les câbles demeurent vulnérables. Les dommages peuvent être internes et invisibles sauf lorsque l'on constate que ça ne fonctionne plus.

On a aussi souvent l'habitude de ne pas trop se tracasser pour les *batteries.* Assurez-vous qu'elles ont toutes été vérifiées et chargées. Ne les laissez pas à moitié déchargées ; cela réduit leur durée de vie et rend leur utilisation hasardeuse.

L'expérience conduit à la perfection

On peut être fier de pouvoir faire quelque chose réellement bien, avec assurance et sans effort. Mais la précision découle de la pratique. En revoyant les bandes que vous aurez enregistrées pendant que vous vous exerciez, vous pourrez mesurer vos progrès.

Des exercices utiles

Voici quelques exercices pour améliorer votre pratique de la caméra. Faites-les doucement au début, puis à un rythme plus soutenu. Faire plusieurs opérations simultanément peut être une rude épreuve pour le plus expérimenté des opérateurs.

1. Faire un panoramique horizontal en suivant un dessin sur un mur à vitesse très lente et constante, au grand angle puis au téléobjectif. Même exercice en panoramique vertical.

2. Faire un panoramique d'une scène comportant des objets à distances variables en rattrapant le point a) en vous arrêtant sur chaque objet b) en mouvement continu. Recommencez l'exercice pour différentes vitesses et différentes distances.

3. Faire le point sur un objet au premier plan, faire un panoramique vers un objet dans le fond en refaisant la mise au point.

4. Modifier la hauteur de la caméra en maintenant le sujet exactement au centre de l'image (faites un petit repère au centre du viseur). Faire les mouvements d'amplitude maximum à différentes vitesses. Recommencer sur des sujets de plus en plus proches.

5. Rapprocher la caméra d'un sujet en rattrapant le point aux différentes focales. Faire cet exercice pour plusieurs distances ainsi que pour un objet placé sur une table. Recommencer en vous éloignant.

6. Déplacer la caméra en travelling dans l'axe, puis latéral, en faisant le point sur tous les objets qui entrent dans le champ (de droite à gauche puis de gauche à droite). Recommencer l'exercice en conservant un sujet fixe au centre de l'image.

7. Tourner autour d'un sujet fixe en le maintenant au centre de l'image. Utiliser les différentes focales.

8. Faire un gros plan d'un objet rapproché, puis panoramique et zoom rapide vers un détail éloigné. Sans avoir au préalable préparé la mise au point, ce sera « pile ou face ». Recommencer en ayant repéré la mise au point.

9. Répéter l'exercice N° 5 au zoom (au lieu de déplacer la caméra).

10. Placer un objet très proche et chercher la distance minimum de mise au point ainsi que la profondeur de champ disponible pour les différentes focales.

11. Dans la même position que ci-dessus, faire varier simultanément la focale et la distance de la caméra de manière que le sujet conserve exactement les mêmes dimensions (observer comment varient les proportions des autres objets).

Suite page 152

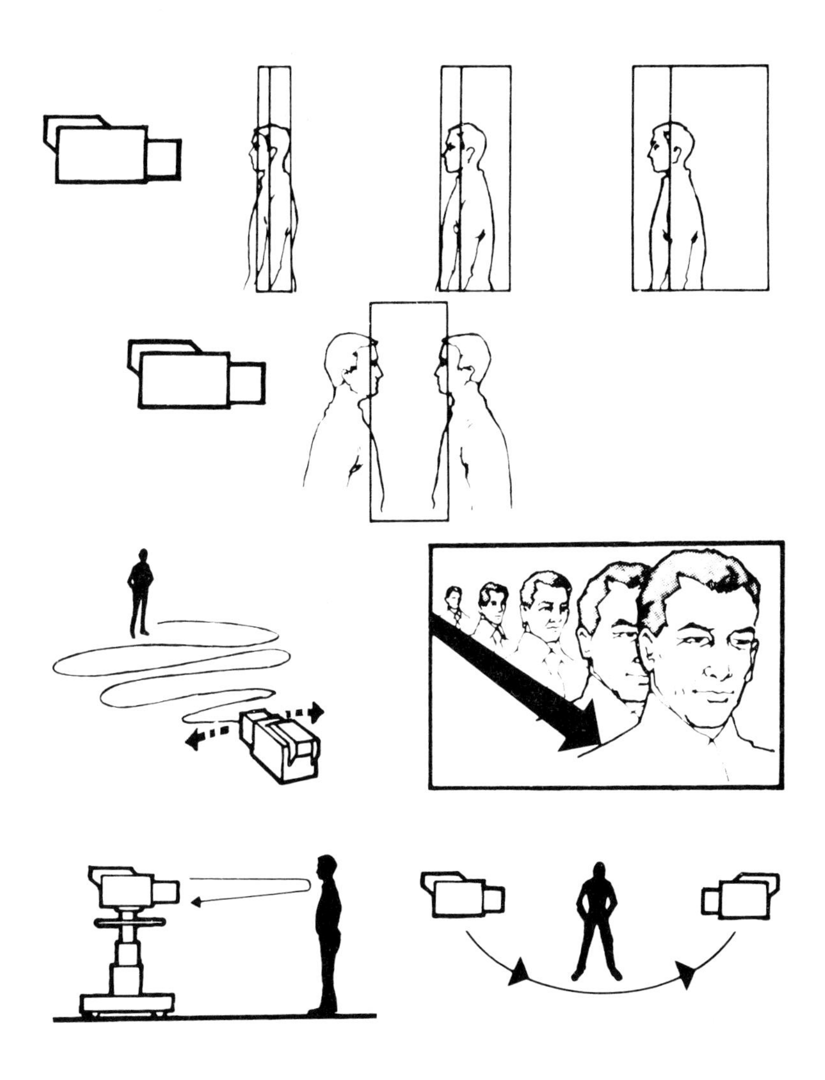

La profondeur de champ
Vérifiez combien la mise au point devient délicate lorsque le sujet s'approche de la caméra. En utilisant une grande ouverture, trouvez une profondeur de champ qui ne laisse net que le sujet le plus éloigné. Puis partagez la profondeur de champ pour obtenir le maximum de netteté sur les deux sujets. Enfin, faites successivement le point précis sur chacun des sujets en retrouvant la netteté au vol.

Le sujet en mouvement
Suivez des déplacements latéraux de plus en plus proches de la caméra. Répétez cet exercice avec des focales de plus en plus longues. Suivez, ensuite, un sujet venant vers la caméra à des vitesses de plus en plus élevées. Faites cet exercice au grand-angle, à l'objectif normal, puis au téléobjectif.

Les mouvements de caméra
Faites des travellings avant et arrière (tout en maintenant le point) à différentes vitesses et avec des focales de plus en plus longues. Tournez autour d'un sujet à différentes vitesses tout en maintenant le point.

Personnages en déplacement

1. Suivre en plan moyen un personnage qui traverse la scène tout en maintenant un cadrage précis, le personnage légèrement décentré.

2. La caméra basse, conserver au centre du cadre un personnage assis qui se lève. Faire cet exercice pour différentes distances, différentes focales et différentes vitesses.

3. Suivre un personnage qui s'approche et s'éloigne de la caméra. Le faire ensuite déplacer perpendiculairement puis en diagonale. Faire varier distance, focale et vitesse.

4. Suivre en travelling un personnage qui s'éloigne (varier vitesse, focale et hauteur de caméra).

5. Même chose si le sujet s'approche (attention en reculant !).

6. Pour différentes focales, s'entraîner à la mise au point sur deux personnages à distances différentes de la caméra. Faire varier leurs distances relatives à la caméra.

7. Cadrer deux personnages assis côte à côte. L'un d'eux sort du cadre, recadrer l'image. Puis à partir de cette image centrée sur un seul personnage, faire revenir le deuxième, recadrer pendant qu'il revient.

Glossaire

Action : tout ce qui se passe devant la caméra.

Aligner une caméra : ensemble des réglages qui permettent d'obtenir la meilleure image possible d'une caméra et de ses circuits associés.

Axe optique : c'est l'axe longitudinal de l'objectif. Il passe aussi, bien entendu, par le centre de l'image.

Baie de contrôle ou coffret de contrôle : ensemble des dispositifs déportés en régie permettant de régler la qualité de l'image. On trouvera souvent le terme Camera Control Unit ou en abrégé C.C.U.

Cadrer : positionner l'image d'un sujet par rapport aux bords de l'image TV. Un cadre est plus ou moins « serré » selon que le sujet occupe une plus ou moins grande proportion de l'image.

Caméra subjective : le spectateur est censé voir avec les yeux de l'un des protagonistes de l'action ; la caméra oscillera s'il est ivre, perdra le point s'il s'évanouit...

Camescopes : ensemble compact comprenant une caméra et un magnétoscope. Trois systèmes existent : Betacam (Sony), Quartercam (Bosch Fernseh), Type M (RCA Panasonic).

Cible : dispositif semi-conducteur qui donne une traduction électrique de l'image optique.

Contrechamp : une scène ou un personnage est vu d'une direction inverse de celle du plan précédent.

Contre-plongées : toutes prises de vues d'en-dessous.

Correction de diffusion, correction anti-halo (ou correction de « flare ») : malgré les traitements anti-reflets, des réflexions parasites se produisent entre les diverses lentilles de l'objectif, elles risquent de diminuer le contraste de l'image et de la voiler. Des circuits de correction réduisent considérablement ces inconvénients.

Correction de longueur de câble : un dispositif électronique permet de compenser l'affaiblissement des hautes fréquences du signal vidéo dû à une grande longueur du câble transportant ce signal.

Convergences ou superpositions : faire les convergences signifie assurer la coïncidence (pour une caméra ou un récepteur TV) des trois images R, V, B.

Cut : monter ou enchaîner « cut » deux images signifie que les deux images se succèdent sans aucun effet.

Direction de regard : la direction dans laquelle regarde le sujet.

Distance focale : distance qui sépare le centre optique de l'objectif et son plan focal où se trouve la surface sensible (tube de prise de vues).

Distance hyperfocale : l'objectif étant réglé sur cette distance, tous les objets situés entre l'infini et la moitié de cette distance pourront être considérés comme nets.

Final (ou antenne) : moniteur final, sur lequel est visible l'image définitive (élaborée à partir des images fournies par les différentes caméras) qui constitue le programme diffusé ou enregistré. Une caméra est « en final » ou « à l'antenne » quand l'image qu'elle donne participe à l'image finale.

Fondu-enchaîné : l'image initiale disparaît doucement pendant que la suivante apparaît en surimpression.

Gamma : c'est la mesure logarithmique de la qualité de reproduction des contrastes. Un gamma supérieur à un accuse les contrastes.

Gen-lock : dispositif électronique permettant de synchroniser l'ensemble des sources (caméras et magnétoscopes) d'un studio sur une référence commune.

Girafe : dispositif télescopique placé sur une plate-forme roulante qui permet, grâce à l'extension d'un bras, de présenter le micro à une place convenable.

Ingénieur de la vision : c'est lui qui avec ses appareils de mesures électroniques ajuste, en régie, les différents paramètres donnant une bonne image (ouverture, niveau de noir, gain vidéo, balance colorimétrique...).

Laisser de l'air (à droite, à gauche, au-dessus...) : laisser un espace entre l'image d'un sujet et les bords du cadre.

Largeur de champ : couverture angulaire de l'objectif.

Lumière en pluie : très faible lumière uniforme appliquée aux tubes à l'intérieur de la caméra pour améliorer leur fonctionnement dans les faibles lumières.

Machiniste : c'est l'assistant qui dirige et contrôle les mouvements d'une caméra montée sur chariot.

Marquage du tube : une lumière excessive focalisée en un point de la surface sensible du tube peut l'endommager de manière permanente ou transitoire et laisser une marque sur les images ultérieures.

Médaillon : on découpe dans une image une réserve de forme variable (en général rectangle ou cercle) dans laquelle on fait apparaître une partie d'une autre image.

Mise au point différentielle : la mise au point est telle qu'un objet déterminé soit net alors que l'environnement demeure flou.

Objectif normal : il s'agit d'un objectif dont la distance focale a la même mesure que la diagonale de l'image formée sur la surface sensible.

Optimisation du faisceau : (ABO automatic beam optimization) dispositif qui augmente le débit du faisceau d'électrons pour éliminer l'excès de charges qui peuvent s'accumuler sur la partie de la cible correspondant à un point très éclairé. Ce dispositif réduit considérablement les effets de comète dus à la rémanence du tube.

Plan avec amorce : en bordure de cadre apparaît en premier plan le bord de la silhouette d'un personnage.

Plan cassé : effet dans lequel les verticales sont délibérément penchées afin de donner une impression d'instabilité émotionnelle.

Plan séquence : une séquence tournée avec une seule caméra, dans la continuité, sans interruption. La caméra suit souvent un personnage ou un mouvement ; ou bien elle peut tourner autour d'un personnage pour le montrer sous différents angles...

Plongées : toutes prises de vues d'en-dessus.

Post-production : ensemble du travail sur l'image qui ne s'effectue pas lors de la prise de vues.

Préparation : moniteur de préparation d'effets, c'est en l'utilisant que le truquiste règle et vérifie les différents effets prévus avant de les envoyer en final à la demande du réalisateur.

Profondeur de champ : mesure de la zone à l'intérieur de laquelle la scène semble suffisamment au point.

Profondeur de foyer : caractérise la distance dont on peut déplacer la surface sensible de l'objectif sans altérer la netteté.

Promptor ou télépromptor : cet appareil fixé au pied de la caméra permet aux participants de suivre un texte qui défile, en général sur l'écran d'un moniteur.

Rattrapage du point : refaire la mise au point lorsque la distance du sujet varie ou lorsque l'on vise successivement deux objets à des distances différentes.

Regard caméra : le sujet regarde droit vers la caméra.

Règle des tiers : consiste à diviser par la pensée l'écran en trois bandes verticales et horizontales. Ce quadrillage permet de placer efficacement les sujets importants dans le cadre.

Rémanence : la trace électrique d'un objet très brillant peut subsister quelque temps après la disparition de cet objet.

Retour effet ou retour trucage : dispositif permettant au cadreur de voir dans son viseur un trucage réalisé par le réalisateur en régie.

Saturation : des intensités lumineuses trop élevées peuvent dépasser les possibilités d'adaptation de la caméra. Il apparaît alors des zones surexposées totalement blanches (cas des reflets, des contrejours, des zones trop éclairées, ou d'une ouverture d'objectif mal choisie).

Signal vidéo composite : c'est le signal utilisé pour transmettre l'image, il est dit composite car il véhicule d'une part les informations concernant l'image, d'autre part les informations de synchronisation.

Sous-exposition : une lumière insuffisante parvient au tube, l'image est excessivement sombre, les détails disparaissent dans les ombres.

Suivre le point : maintenir la mise au point sur un sujet se déplaçant (ou inversement un sujet fixe et la caméra en mouvement).

Surbalayage (overscan) : on augmente artificiellement la longueur des lignes du moniteur. L'image n'occupe plus alors qu'une partie de l'écran. Ce dispositif permet de bien voir les bords de l'image qui sont ordinairement « mangés » par le tube.

Surexposition : une quantité de lumière trop importante atteint le tube, l'image devient pâle et les détails disparaissent.

Température de couleur : elle caractérise le type de lumière utilisée (lumière du jour, éclairage aux halogènes... etc) elle se mesure en degrés Kelvin et correspond à la température du corps noir qui donnerait le même type de lumière.

Tête panoramique : permet à la caméra des mouvements horizontaux et verticaux. La liberté du mouvement est contrôlé soit par un fluide siliconé, soit par frictions.

Triangle : il s'agit en général d'une étoile repliable à trois branches empêchant un trépied de glisser.

Volet : (vertical ou horizontal) en partant d'un des bords du cadre, une image est progressivement remplacée par une autre au cours d'un mouvement de balayage.

Voyant de signalisation antenne (tally) : lampe rouge fixée sur le dessus de la caméra allumée lorsque l'image de cette caméra est en final.

Vu-mètre : petit indicateur à aiguille permettant de vérifier les niveaux des signaux audio ou vidéo.

Zoom : type d'objectif à focale continûment variable et qui peut donc couvrir des largeurs de champ variables. Un zoom est aussi le résultat de cette variation de focale lors d'une prise de vues.

ISBN 2-85947-067-0

n° 410.113
pour tout territoire de langue française
Composition : Compo 2000 - Saint-Lô
Imprimé en France par la Lithographie Française
Dépôt légal - 2e trimestre 1988
Diffusé par IF-diffusion - 31, av. des Champs-Élysées, Paris 75008